범죄 수학 2

범죄 수학 2

초판 1쇄 인쇄일 2022년 5월 18일
초판 1쇄 발행일 2022년 5월 25일

지은이 카타리나 오버마이어
옮긴이 강희진 감 수 오혜정
펴낸이 김지영 펴낸곳 지브레인Gbrain
편 집 김현주

출판등록 2001년 7월 3일 제2005-000022호
주소 04021 서울시 마포구 월드컵로7길 88 2층
전화 (02)2648-7224 팩스 (02)2654-7696

ISBN 978-89-5979-736-3 (04410)
978-89-5979-737-0 SET

• 책값은 뒤표지에 있습니다.
• 잘못된 책은 교환해 드립니다.

범죄 수학 2

카타리나 오버마이어 지음 강희진 옮김 오혜정 감수

지브레인

서문

얼핏 보기에는 언어와 수학이 서로 전혀 어울리지 않는 것 같지만 실은 전혀 그렇지 않다. 조금만 생각해보면 수학과 언어를 연계시킬 수 있는 방법이 매우 많기 때문이다.

이 책은 저자인 카타리나 오버마이어가 에를랑겐 뉘른베르크의 프리트리히 알렉산더 대학교에서 교육학을 전공하면서 석사 학위 논문으로 쓴 책이다. 오버마이어는 심지어 이 논문으로 2008년 '독일수학자협회'에서 수여하는 상을 받기도 했다.

본서는 콤팩트 출판사와 프리트리히 알렉산더 대학교 수학학부, 역시나 에를랑겐에 소재한 '수학장려협회' 그리고 본Bonn에 있는 '독일텔레콤재단'과의 협력 하에 탄생한 책이다. 해당 프로젝트의 이름은 '수학이 학교를 만든다Mathematik macht Schule'였는데, 《범죄 수학 2》는 그 슬로건에 그야말로 안성맞춤인 책이었다. 수학이 결코 어렵고 지루한 과목이 아니라는 사실, 어떻게 공부하느냐에 따라 수학도 충분히 재미있을 수 있다는 사실을 생생히 보여주는 책이기 때문이다.

독자들이 이 책을 읽는 동안, 나아가 이 책에 수록된 문제들을 푸는 동안 부디 더할 나위 없이 큰 흥미를 느끼게 되기를 바란다. 그러는 사이에 수학 실력은 저도 모르게 쑥쑥 늘고, 그뿐 아니라 수학이 앞으로 살아가는 데에 있어 반드시 필요한 학문이라는 사실도 분명히 깨닫게 될 것이다!

카를 자허
에를랑겐 뉘른베르크 소재
프리드리히 알렉산더 대학교 수학학부 교수

이 추리소설을 읽는 방법

잠깐! 본격적으로 이 책을 읽기에 앞서 한 가지 알아두어야 할 것이 있다. 이 책은 내용이 뒤죽박죽 섞여 있다! 다시 말해 차례대로 읽어나가서는 내용이 전혀 연결되지 않는다. 그렇다면 이 책을 어떻게 읽어야 할까? 그 해답은 바로 문제들 안에 숨어 있다! 중간중간에 나오는 문제를 풀어야만, 나아가 정답을 알아맞혀야만 그 다음에 어디로 이동할지 알 수 있다. 다시 말해 머리를 좀 굴려야 된다! 이때, 문제의 정답이 정확히 얼마냐에 따라 그 다음에 이동할 페이지가 정해진다. 정답에 따른 이동 대상 페이지는 이 책 맨 마지막 쪽에 수록되어 있으니 그 도표를 참고하기 바란다. 예를 들어 죽 읽어 내려가다가 나온 문제의 정답이 24라면 25쪽으로 이동하면 되는 것이다. 25쪽으로 이동했다면 그 페이지에 표시된 붉은색 동그라미 아래쪽부터 다시 읽어나가면 된다.

이쯤에서 독자들에게 이 책만이 지닌 장점 한 가지를 소개하고 싶다. 평소 학교에서 내주는 숙제들은 안 해가면 벌만 받을 뿐, 해갔다고 해서 어떤 보상이 주어지는 것은 아니다. 하지만 이 책은 다르다. 이 책에서는 문제를 풀 때마다 흥미진진한 스토리들이 부상으로 주어진다. 그야말로 놀면서 즐기면서 수학 실력도 쌓을 수 있게 되는 것이다!

참고로 이 책에는 60개가 넘는 문제가 수록되어 있고, 각 문제들은 독자들이 오래 전에 배운 내용이라 잊어버린 내용을 상기시키거나 너무 어려워서 포기했던 수학을 재미있게 습득할 수 있도록 고안되어 있다. 문제가 나올 때마다 기쁜 마음으로 풀고, 책 마지막 부분에 첨부된 정답과 자신의 답을 비교해보길 바란다.

자, 이제 곧 네 친구의 보험이 시작된다.

그들을 도와 독자들도 손에 땀을 쥐는 긴장감과 흥미를 느끼기를, 나아가 무엇보다 수학 실력이 쑥쑥 늘어나길 바란다!

[CONTENTS]

의문의 편지와 수상한 자들

어젯밤 꿈에서 마리는 기어오르고, 미끄러지고, 기어오르고, 미끄러지기를 수없이 되풀이했다. 아침에 눈 뜨고 나니 그게 꿈이어서 얼마나 다행인지 몰랐다. 만약 현실이었다면 끔찍하기 짝이 없었을 것이다. 그럼에도 불구하고 어젯밤의 꿈은 한참 동안 마리의 머릿속에서 떠나질 않았다.

처음에는 정말 아름다운 장면들로만 가득했다. 푸르른 초원에 가득 핀 꽃들 사이를 셀 수 없이 많은 나비들이 나풀거리며 날아다니고 있었다. 어디에 먼저 눈길을 주어야 할지 모를 정도로 모든 게 다 아름다웠다. 그런데 멋진 풍경에 너무 깊이 빠진 나머지 마리는 그만 발을 헛디디고 말았고, 그 탓에 50m 깊이의 우물에 빠지게 되었다. 깜짝 놀란 마리가 온몸을 버둥거리며 다시 땅 위로 기어오르려 했지만 우물 벽은 너무도 미끄러웠다. 겨우 몇 걸음을 기어올랐다 하더라도 잡을 곳이 없어서 이내 아래로 주르륵 미끄러지기 일쑤였다. 결국 마리는 1시간에 5m밖에 기어오르지 못했다. 게다가 매 시간 한 번씩 숨을 고르느라 휴식을 취했는데, 그때마다 무려 3m나 다시 아래로 미끄러졌다.

그렇다면 마리가 우물 밖으로 나와 땅을 밟기까지 총 몇 시간이 걸렸을까?

네 친구는 갑자기 들려오는 소리에 숨을 죽였다. 누군가 문고리를 돌리고 있었다! 몇 초 후면 누군가 그 공간에 들어온다는 뜻이었다.

마리와 조, 막스와 아만다는 잽싸게 상자 뒤로 몸을 숨겼다. 몸을 감추기에 더없이 좋은 공간이었다. 그럼에도 불구하고 네 친구의 가슴에선 누군가 세차게 북을 두드리고 있는 것만 같았다. 하지만 절대로 들키면 안 되는 상황이었다.

'만약 들킨다면 결국 경찰서에 끌려갈 테고, 부모님께 전화를 걸 테고, 다음엔……, 안 돼! 그것만은 절대 안 돼!'

모두들 아무 소리도 내지 않으려고 안간힘을 쓰고 있을 때 발걸음 소리가 들려왔다. 누군가 공장 안으로 들어온 것이었다. 몇 초 후 또 다른 발걸음 소리가 들려왔다. 다들 바싹 긴장한 채 상황을 지켜보고 있었다.

건물 안으로 들어온 두 사내가 대화를 나누기 시작했다. 마리는 둘 중 한 명의 목소리를 알아챘다. 노이하우스 습지에서 들었던 바로 그 목소리였다. 하지만 나머지 한 명은 처음 듣는 목소리였다.

"골트라우쉬 교수가 물건을 건네받기만 기다리고 있어."

마리한테는 낯선 목소리의 주인공이 말했다.

“자네한테 그 임무를 맡겼는데 감감무소식이라며 불평이 이만저만이 아니야. 목걸이를 손에 넣긴 한 거야?”

“어이, 말조심해! 지금 자네가 거래하는 상대는 바로 미스터 XXX야! 이름 없는 뜨내기가 아니라고! 목걸이를 손에 넣었냐고? 당연하지! 우리 대장이 직접 그 물건을 훔쳐왔어. 우리 대장의 능력을 의심했다가는 무슨 일이 벌어질지 모르니 조심해! 그런데 우리 대장이 좀 이상한 면이 있긴 해. 퀴즈를 너무 좋아하거든. 일이 들어올 때마다 고객한테 퀴즈를 내는 바람에 내가 아주 돌겠다니까! 뭐, 어쨌든 자네도 예외 아니었지. 자네도 퀴즈를 풀어야 비로소 다음 단계로 넘어갈 수 있었잖아.”

분명 마리가 어디서 들어본 목소리였다.

“만약 자네가 그 문제만 빨리 풀었다면 부하의 집이 어디인지도 금세 알 수 있었을 거야. 하지만 아무리 기다려도 자네가 나타나지 않더군. 그래서 내가 직접 그 소포 박스를 찾아왔어. 너무 오랫동안 거기에 놓아두었다가는 제3자가 그 물건을 찾아갈 수도 있겠다 싶었거든. 사실 우리 부하는 기억력이 그다지 좋지 않아. 나쁘게 보일 수도 있지만, 어떻게 보면 그거야말로 중간 전달자의 완벽한 조건이라고 할 수 있어. 아무것도 기억 못 하는 만큼 의심도 잘 하지 않고, 그러니 이용해 먹기에는 최고지!”

"좋아, 좋아, 알았어. 뭐든 다 이해할 테니 이제 제발 물건을 좀 내놓으라고! 골트라우쉬 교수의 재촉에 나도 피가 바짝바짝 마르는 것 같다니까!"

낯선 목소리의 주인공이 말했다.

"그렇게 서둘러서 될 일이 아냐! 그리고 나한테 말할 때 단어를 좀 신중하게 고를 수는 없을까? 어쨌든 급한 쪽은 그쪽이지 내가 아니거든! 그런데 말이지, 지금 나한텐 그 물건이 없어. 설마 내가 그 귀한 물건을 호주머니에 아무렇게나 쑤셔 넣고 다닐 거라 생각한 건 아니겠지? 만약 그렇게 생각했다면 자넨 진짜 초보 중에 초보, 왕초보야. 뭐, 어쨌든 교수님이 그만큼 고대하고 있다니 나도 힘을 좀 써볼게. 하지만 최소한 며칠은 걸릴 거야. 먼저 처리해야 할 일들이 좀 있거든. 그리고 말인데, 일단 돈부터 건네는 게 어떨까!"

낯선 목소리의 주인공도 그 말에는 동의한 듯 두 사람 사이에 돈이 오가는 것 같았다. 물론 자세히는 볼 수 없었다. 그런데 그때 마리의 머리에 한 가지 생각이 떠올랐다. 이미 너무 늦은 것 같지만 바구니 안에는 보이스레코더가 들어 있었던 것이 기억났다. 하지만 보이스레코드를 꺼내서 버튼을 확인하고 누르기에는 너무 소음이 많이 나서 위험할 것 같았다.

보이스레코더에는 버튼이 여섯 개가 있었다. '녹음', '재생', '끄기', '지우기', '앞으로', '뒤로' 버튼이 그것이었다. 마리가 어느 버튼이 어느 버튼인지 모르는 상태에서 아무 버튼이나 하나 눌렀을 때 '녹음' 버튼을 누를 확률은 얼마일까?

마리와 막스는 결국 15분이나 지각을 했다. 아만다는 한참 전에 도착해서 기다리고 있었던 듯했고, 조는 수리를 끝낸 자전거의 페달을 열심히 밟아 마리와 막스보다 조금 더 일찍 도착했다.

"히히, 지각은 나쁜 버릇이라 말한 사람이 누구더라!"

조가 마리를 놀렸다.

"원래 난 이렇게 늦는 사람이 아냐. 약속 시간은 칼같이 지킨다고! 오늘은 단지 거리를 잘못 계산하는 바람에 늦은 것뿐이야!"

마리가 변명했다.

그때 아만다가 두 사람을 말렸다.

"지금 그게 중요한 게 아니야. 이미 시간이 너무 많이 지체되었어. 어서 벨을 눌러 봐. 이러다가 오늘 내로 일을 못 끝낼 수도 있어."

막스가 아만다의 말에 동의했다.

"네 말이 맞아, 아만다. 자, 마리야, 어서 눌러 봐!"

"하필이면 왜 나야? 왜

내가 해야 해?"

마리가 겁이 나는 듯 슬며시 꼬리를 뺐다.

"오빠가 나이가 제일 많잖아, 오빠가 해!"

"하지만 그 편지의 수신인은 내가 아니라 너잖아?"

막스도 물러서지 않았다.

"이건 공평하지 않아. 힘든 일은 왜 만날 내 몫이냐고!"

아만다가 다시금 말리지 않았다면 막스와 마리 사이에 험악한 말이 오갔을지도 모른다.

"자, 자, 진정하고, 내 이야기 좀 들어봐. 내가 문제 한 개를 낼게."

아만다가 제안했다.

"이 문제를 못 푸는 사람이 벨을 누르기로 하는 거야, 어때? 만약 두 사람이 다 정답을 맞힌다면 벨은 내가 누를게."

아만다의 퀴즈는 다음과 같았다. 한네스는 11세, 마르틴은 10세, 줄리안은 9세이다. 그렇다면 세 사람의 나이를 모두 합쳐 99가 되는 것은 몇 년 후일까?

마리와 막스, 아만다와 조는 그날 오후 내내 종목을 바꿔가며 여러 가지 게임을 즐겼다. 그러다가 어느덧 6시가 된 것을 보고 네 친구는 그만 집으로 돌아갔다가 내일 오전에 다시 만나 커스티의 이메일을 기다려보자는 데에 합의했다. 어차피 오늘은 커스티가 메일을 보내온다 하더라도 시간이 너무 늦어 아무런 대처도 할 수 없을 테니 말이다.

조와 아만다는 각자 자신의 집으로 돌아갔고 마리와 막스는 TV를 보며 시간을 보냈다. 하지만 마리의 기분은 조금도 나아지지 않았다. 아무리 생각해봐도 이 모든 게 결국 누군가의 장난에 불과하다는 느낌이 가시지 않았던 것이다.

다음 날 아침, 조와 아만다는 정확히 10시에 마리네 집 현관 앞에 모습을 드러냈다. 둘의 재촉에 마리는 얼른 이메일을 확인했는데, 정말로 커스티로부터 이메일이 도착해 있었다! 마리는 바싹 긴장했다. 조와 아만다, 막스도 잔뜩 긴장한 채 모니터만 쳐다봤다.

클릭을 하자 짧은 내용의 메일이 열렸다.

'목걸이가 정말로 거기에 없었어!'라는 문장 하나가 전부였다.

방 안에는 무거운 침묵이 감돌았다. 마리는 이해할 수 없었다.

‘어떻게 그런 일이 있을 수 있지?’

마리는 다시 한 번 더 커스티의 메일을 읽었지만, 거기에는 분명 목걸이가 사라졌다고 적혀 있었다. 즉, 누군가 진짜로 목걸이를 훔쳐갔다는 뜻이었다!

막스가 침묵을 깼다.

“자, 이건 분명 아직 사건이 진행 중이라는 뜻이야! 앞으로 어떻게 하면 좋을지 작전을 짜야 해!”

모두의 생각을 막스가 대표로 말한 것이었다.

“그러니까 우리가 뭘 어떻게 할 수 있느냔 말이지!”

마리가 물었다.

“우리가 알고 있는 거라고는 목걸이가 사라졌다는 사실뿐이잖아. 그것만으로는 앞으로의 수사 방향을 정할 수가 없어.”

마리의 말이 옳았다. 자신들이 얻을 수 있는 정보는 모두 얻었고, 그 정보를 가지고 할 수 있는 일들은 이미 다 실행에 옮긴 터였다.

“잠깐!”

그때 조가 끼어들었다.

“아직 한 가지 방법이 남아 있어. 어쩌면 그 노부인이 뭔가를 더 기억해낼지도 모르잖아? 한 번밖에 못 만나봤지만 분명 친절하고 좋은 분이셨어. 내가 그 부인을 한 번 더 만나볼게. 만나서 손해될 건 없잖아!”

"좋은 생각이야!"

아만다가 조에게 용기를 주었다.

"그럼 네가 노부인을 만나고 돌아올 때까지 우린 집에서 얌전히 기다리고 있을게."

그렇게 새로운 작전이 시작되었다. 조는 노부인을 만나러 나갔고, 나머지 세 친구는 오늘도 역시 게임을 하며 시간을 때웠다. 그런데 어제 했던 도미노 게임은 너무 단순해서 재미가 없었다. 모든 조각들이 한 가지 색깔로만 되어 있기 때문이었다. 이에 세 친구는 도미노 조각에 다양한 색을 입히기로 결정했다. 그런 다음 숫자를 이어붙이는 대신 색깔을 연결하는 것으로 게임의 규칙을 약간 바꾸었다.

세 친구가 선택한 색깔은 파랑, 빨강, 초록, 노랑, 보라, 주황 그리고 하얀색이었다. 만약 도미노 패 한 개를 단 한 번만 사용할 수 있다면 세 친구는 몇 개의 조각을 이용해야 도미노를 완성할 수 있을까? 단, 이때 각 조각은 한 가지 색깔일 수도 있고 두 가지 색깔로 되어 있을 수도 있다.

18

"끝!"

마리가 큰소리로 외쳤다.

막스는 자신의 귀를 의심했다.

'뭐야, 진짜 재가 나보다 더 빨리 문제를 푼 거야? 에잇, 나도 거의 끝났는데, 정말 아깝다! 나도 지금 막 41을 적고 있었단 말이야!'

"흥, 약 오르지!"

마리가 오빠를 놀렸다.

"어서 열쇠를 내놓으시지! 자, 제군들! 지금으로부터 정확히 2시간 뒤에 '헤쳐 모여' 하기로 한다! 그런 다음 정확한 보고를 준비하길, 이상, 끝!"

"명령에 따르겠습니다, 대장님!"

아만다가 웃으며 응수했다.

아만다는 마리의 군대식 말투가 재미있게 느껴진 모양이었다.

'음, 어쩌면 아만다 언니는 생각보다 훨씬 좋은 사람일 수도 있겠어.'

마리가 전화기를 향해 걸어가며 마음속으로 생각했다.

'알고 보면 막스 오빠도 그렇게 나쁜 오빠는 아니라니까!'

마리는 급히 조에게 전화를 걸었다. 조도 마치 기다리고 있었다는 듯 벨소리가 울리자마자 수화기를 집어들었다.

"조, 우와, 들어봐, 듣고 나면 너도 깜짝 놀랄걸!"

마리가 숨도 쉬지 않고 말을 쏟아 부었다.

"마리……, 미안한데 지금은 안 되겠어."

조가 시무룩하게 말했다.

"할머니께서 다시 계산 문제를 내주셨어. 모르긴 해도 한 시간은 걸릴걸!"

"뭐야! 그럼 어서 풀어! 최대한 빨리 끝내고 얼른 이리로 와! 우리가 무슨 일을 해낸지 알아? 상자를 열었단 말야, 바로 그 상자 말이야! 뭐……, 좋아, 우선 할머니 질문부터 얼른 해결해. 대신 그런 다음엔 곧장 이리로 오는 거야, 알았지?"

조의 할머니 엘프리데는 여름용 모자 하나를 사기로 결정했다. 그런데 백화점 매장에서는 분명 가격이 24유로였는데 알고 보니 그 물건이 온라인쇼핑몰에도 있었다. 그런데 온라인쇼핑몰에서는 똑같은 모자가 가격이 25유로였고, 거기에다 배송료 1.25유로까지 추가된다고 했다. 하지만 조의 할머니는 해당 쇼핑몰의 VIP였기 때문에 특별히 10% 할인 쿠폰을 사용할 수 있었다.

그렇다면 오프라인 매장과 온라인 매장 중 어디에서 구입하는 것이 더 저렴할까? 더 저렴한 쪽을 선택하여 구입할 때 할머니가 지불해야 하는 액수는 얼마일까?

그날 밤 마리는 좀체 잠을 이루지 못했다. 그 모든 시간과 노력이 헛수고에 불과했다고 생각하니 도저히 잠이 오지 않았다. '뭐야, 그럼 그 모든 게 결국 장난이었던 거야? 대체 누가 그렇게 심한 장난을 친 거지?!'

다음 날 아침 눈을 뜬 뒤에도 몸을 일으킬 기운조차 없었다. 하지만 결국 배꼽시계의 닦달에 못 이겨 무거운 몸을 이끌고 주방으로 갔다. 모두들 말없이 꾸역꾸역 밥만 먹었다. 마리의 엄마는 두 아이의 기분이 상당히 꿀꿀한 것을 알아차렸다. 이마에 '나 오늘 기분이 무지 안 좋으니 건드리지 마세요!'라고 써 놓은 것 같았다. 엄마는 우선은 그냥 놓아두는 게 낫다고 생각했다. 괜히 이유를 물어봤다가 아이들의 기분이 더 나빠질 것을 염려한 것이었다. 다행히 아빠는 이미 출근하신 뒤라서 두 아이의 우울한 얼굴을 보지 않아도 되었다.

날씨는 그야말로 끝내줬다. 그러나 마리와 막스는 마치 세상이 무너지기라도 한 듯한 표정만 짓고 있었다. 둘은 시리얼만 홀짝거리며 서로의 시선을 피했다. 어제 도착한 이메일 내용이 그만큼 마리와 막스의 마음을 무겁게 만든 것이었다. 마리와 막스에게 있어 그건 마치 '탐정놀이는 이걸로 끝이야!'라는 선고나 다름없었다.

막스는 식탁 앞의 침묵이 어색하고 불편하기 짝이 없었다. 지루하기도 했다. 다행히 막스의 머릿속에는 그 지루함을 한꺼번에 날려줄 수수께끼들이 가득 들어 있었다. 막스는 그중 하나를 꺼내 머릿속에서 상상하며 문제를 풀기 시작했다.

어떤 자연수가 있다. 그 자연수 바로 앞의 자연수와 바로 뒤의 자연수를 곱하면 정확히 2915가 나온다. 그 자연수는 무엇인가?

"어휴, 힘들어."

마리가 한숨을 내쉬었다.

"이게 꿈이어서 얼마나 다행인지 몰라!"

사실 간밤에 무슨 꿈을 꾸었는지는 그다지 중요치 않았다. 오늘은 그보다 훨씬 더 중요한 일이 기다리고 있으니 말이다. 마리는 벌써 몇 주 전부터 오늘이 오기만을, 그러니까 자신의 열한 번째 생일이 오기만을 기다렸다. 8월 2일인 오늘이 바로 그날이다! 햇님이 이미 창밖에서 환한 미소를 짓고 있었다.

'그래, 오늘은 분명 완벽한 하루가 될 거야!'

그때 갑자기 방문이 확 열리더니 익숙한 목소리가 들려왔다.

"이 잠꾸러기야, 어서 일어나! 케이크가 먹고 싶어 죽겠는데 네가 촛불을 끄기 전엔 절대로 건드릴 수 없다잖아!"

자기 할 말을 다 끝낸 오빠는 다시 문을 쾅 하고 닫았다. 밖에서 무슨 소리가 들리는 것 같기도 했다. "참, 생일 축하해"라고 하는 것 같기도 하고 아닌 것 같기도 했다.

'휴, 오빠한테 뭔가를 기대하는 내가 바보겠지?'

마리는 서운한 마음을 스스로 달랬다. 마리와 막스는 그다지 사이가 좋지 않았다. 스타일이 너무 달라서 친해질 수 없었는지도 모른다. 막스는 전형적인 모범생이었다. 수학은 특히나 막스가 좋아하는 과목이었다. 반면 마리는 공부에 큰 관심이 없었다. 그렇다고 학업에 아예 손을 놓았다는 뜻은 아니다. 5학년 때 성적은 꽤 괜찮았다. 하지만 공부가 좋아서 하는 타입은 아니었다. 마리는 공부보다는 교실에서 옆자리에 앉는 짝꿍이자 실제로도 단짝인 조, 그러니까 조나단과 여기저기 돌아다니며 이런저런 장난치는 것을 더 좋아했다. 하지만 오늘만큼은 막스 오빠의 말이 옳았다. 정말이지 더 이상 누워 있을 수는 없었다. 마리도 사실 그토록 두근두근 기다려 온 오늘 아침을 잠만 자며 보내긴 싫었다.

자리에서 일어난 마리는 곧장 욕실로 가서 양치질과 세수를 했다. 그런데 문제가 하나 생겼다. 오늘처럼 중요한 날 뭘 입어야 좋을지 도무지 결정할 수가 없었다. 평소에도 어려운 문제지만, 오늘은 패션스타일 선택이 더더욱 어렵게만 느껴졌다.

마리의 옷장에는 티셔츠 10장, 바지 5개, 치마 3개가 들어 있다. 오늘 마리가 상의와 하의 중 각각 1개씩 골라 입으려고 할 때, 마리가 상의와 하의를 선택할 수 있는 모든 경우의 수는 몇 가지인가?

다행히 운이 좋았다. 힘은 들었지만 바구니가 결국 담 구멍을 통과한 것이다. 막스는 바구니를 마리에게 건넨 뒤 담을 넘었다.

"자, 이제 어떡하지?"

아만다가 물었다.

"뭐, 그냥 첫 번째 건물부터 들어가 보는 건 어떨까?"

마리가 제안했다.

"대신 정말 조심해야 돼. 어떤 소리도 내면 안 돼, 다들 이미 잘 알고 있겠지?"

조가 걱정스럽게 말했다.

"만약 누구한테 들키기라도 하는 날엔 정말 심각한 사태가 벌어질 거야!"

세 친구는 숨소리마저 죽인 채 조심스럽게 건물에 한 발짝씩 다가갔다. 모두들 극도로 긴장한 상태였다. 다행히 건물 출입구는 잠겨 있지 않았다.

안으로 들어가 보니 그 건물은 공장이라기보다는 창고에 가까웠다. 여기저기에 다양한 크기의 상자들이 널려 있었고, 화학 약품 냄새도 진동했다. 쓰레기 처리장이라 해도 믿을 정도로 지저분했고, 정리된 거라고는 아무것도 없었다. 즉, 뭔가를 숨기기에는 그보다 적합할 수가 없었다!

네 친구는 각자 한쪽 구석을 도맡아 조사하기로 했다. 하지만 사람의 흔적이라고는 찾아볼 수 없었다. 여기저기에 쓰레기와 불량품들만이 쌓여 있을 뿐, 에메랄드 목걸이와 관련된 물건은 전혀 눈에 띄지 않았다.

그때 공장 안 한 켠에 수북이 쌓여 있는 상자들이 네 친구의 눈에 들어왔다. 그 안에는 시험관과 피펫, 종이상자 등 여러 가지 물건들이 들어 있었다.

"저 상자들을 살펴보자. 혹시라도 깨지면 크게 다칠 수 있으니 조심해!"

아만다가 속삭였다.

막스가 조사할 상자보다 아만다가 조사할 상자에 시험관이 5개 더 들어 있을 때, 두 상자에 들어 있는 시험관의 수는 모두 29개라고 한다. 만약 아만다가 조사할 상자에 든 시험관의 개수가 막스가 조사할 상자에 들어 있는 시험관 수보다 5개 더 적다면 아만다의 상자에 들어 있는 시험관은 모두 몇 개일까?

독일에 사는 펜팔 친구로부터 오랜만에 도착한 이메일을 본 커스티 스미스는 기분이 매우 좋아졌다. 마리와 커스티는 2년째 이메일을 주고받는 친구였다. 커스티는 열세 살이었는데, 독일어도 꽤 잘했다. 마리의 영어 실력도 그다지 나쁘지 않았고, 그 덕분에 마리와 커스티는 두 언어 모두로 의사소통을 할 수 있었다.

두 친구가 서로를 알게 된 건 인터넷을 통해서였다. 세계 각국 친구들이 모이는 축구 관련 채팅방에서 대화를 나누다가 알게 된 것이었다. 그렇게 몇 주 정도 채팅을 하고 나자 마리와 커스티는 서로 믿을 수 있는 친구라고 판단했고, 그래서 이메일 주소도 교환했다.

온라인 채팅방은 사실 위험한 곳이다. 반대편 컴퓨터 앞에 실제로 누가 앉아 있는지 확인할 수가 없기 때문이다. 마리와 커스티의 부모님이 채팅을 할 때 상대방을 너무 믿지 말라고 주의를 주신 것도 그 때문이었다. 하지만 둘 다 평범한 소녀라는 사실을 확실히 확인한 뒤에는 두 친구의 부모님도 서로 이메일을 교환해도 좋다고 허락하셨다.

커스티는 마음이 따뜻하면서도 성격이 매우 활발한 소녀였다. 남을 돕기도 좋아했다. 마리의 이메일을 다 읽고 난 뒤 커스티는 아직 마리를 실제로 만난 적은 없지만, 아니, 목소리조차 들어본 적이 없지만 그럼에도 불구하고 마리와 마리의 친구들을 도와주기로 결정했다.

커스티네 가족이 살고 있는 윈터타운은 작은 마을이었다. 마리는 커스티에게 사건의 경위를 모두 다 이야기해준 뒤 그레고리 밀러-그린버그라는 사람이 그 마을에 살고 있는지 알아봐달라고 부탁했다. 커스티는 마리가 말하는 사건이 비교적 최근에 일어난 일이라는 느낌이 들어 우선 신문부터 찬찬히 훑어보기로 했다. 어쩌면 그것과 관련된 기사가 있을지도 모를 일이었다.

마리가 펼쳐든 일간 신문은 중간이 반으로 접혀 있고 한 묶음으로 되어 있었다. 18면과 47면이 1장의 종이로 이루어져 있을 때 신문은 총 몇 면으로 구성되어 있을까? 거기에 2를 곱한 값이 바로 이 문제의 정답이다!

밤 11시 정각이라는 신호였다. 여전히 사방에는 정적만이 감돌았다. 그런데 그때 발자국 소리가 들려왔다! 세 친구가 앉아 있는 방향으로 누군가가 걸어오고 있었다. 자세히 들어 보니 한 명이 아니라 두 명의 남자 목소리였다.

"어때? 여기 정도면 괜찮지 않겠어?"

한 명이 다른 한 명에게 물었다.

"어디면 어때! 잡담은 집어치우고 어서 구덩이나 파자고! 그런 다음 얼른 이곳을 떠나는 게 좋겠어!"

다른 한 사람이 대꾸했다.

두 사내는 마리와 조 그리고 막스의 바로 코앞에서 구덩이를 파기 시작했다.

'어휴, 만약 들키기라도 하는 날엔 어쩌지? 우릴 납치하지는 않을까? 어쩌면 그보다 더 무시무시한 일이 벌어질지도 몰라!'

세 친구는 다닥다닥 몸을 기댄 채 이불 속에 꽁꽁 숨었다. 누구도 감히 입을 떼지 못했고, 꼼짝도 하지 못했다. 다들 그만큼 두려웠던 것이다.

그런데 그때 문제가 발생했다. 조의 얼굴을 보니 금방이라도 재채기가 나올 것 같았다. 간신히 입을 틀어막았지만, 손가락 사이로 새어나온 소리는 그래도 조금만 주의를 기울이면 누구나 들을 수 있을 만큼 큰 소리였다. 순간 세 친구의 몸은 와들와들 떨렸다.

'이제 우린 어떻게 되는 걸까? 결국 이렇게 발각되고 마는 걸까?'

그때 두 사내 중 한 명이 세 친구들이 매복하고 있는 곳으로 뚜벅뚜벅 걸어왔다. 그 사내는 심지어 막스의 한쪽 발을 밟기까지 했다.

막스와 마리, 조는 숨조차 쉴 수 없었다.

'이제 우린 끝장이야!'

마리는 겁에 질려 사색이 되었다.

다행히 나머지 한 사내가 세 친구 쪽으로 걸어오던 동료를 안심시켰다.

"어이, 아무것도 아니니 신경 쓰지 마. 어서 구덩이나 파자고!"

"뭐, 자네가 그렇게 생각한다면야……."

수상쩍은 소리에 주변을 살피려던 그 사내도 결국 의심을 접고 다시 구덩이 파기에 몰두했다.

'후유, 정말 다행이야! 지금부터는 진짜로 더 조심해야지!'

실제로 세 친구는 더 이상은 실수를 저지르지 않았다. 구덩이를 파던 수상한 사내들은 어느새 그 구덩이를 다시 덮고 있었다. 구덩이 안에 무슨 물건을 집어넣었는지는 알 수 없었지만, 그건 아무런 문제도 되지 않았다. 어차피 두 사내가 가고 나면 금세 알아낼 수 있을 테니 말이다.

드디어 두 사내가 사라졌고, 세 친구는 안도의 한숨을 크게 내쉬었다. 하지만 그러고도 한동안은 몸이 굳어서 셋 중 누구도 담요 밖으로 감히 빠져나오지 못했다. 정말이지 그런 겁나는 경험은 난생 처음이었다.

그런 채로 3분가량이 지났다. 그 3분은 정말 길게 느껴졌다. 막스는 공포감을 없애버리기 위해 다른 생각을 하기로 했다. 다행히 재미있는 수학 문제 하나가 머릿속에 떠올랐다.

막스가 떠올린 문제는 세 자리 숫자들 중 각 자릿수의 합이 5가 되는 수들을 모두 찾아낸 뒤 그 숫자들을 다시 모두 더하는 것이었다. 정답은 과연 얼마일까?

"우와, 언니랑 오빠, 둘 다 정말 대단해!"

하지만 마리의 칭찬과 감탄은 오래가지 않았다. 당장 의논해야 할 더 중요한 문제가 있기 때문이었다.

"그런데 지금은 그보다 더 중요한 문제가 있어."

"네 말이 맞아!"

막스가 동생의 말에 적극 동의했다.

"그 열쇠가 우체국 사서함 열쇠가 아닌 것만큼은 확실해. 너랑 조가 우리보단 운이 좋았기를 바랄 뿐이야."

"우리가 운이 좋았다는 건 또 어떻게 알았지? 자, 긴장하시고 잘 들어보세요, 짜잔! 방금 새로운 지령이 도착했습니다!"

조가 쉴 틈도 없이 폭포처럼 말들을 쏟아냈다.

마리가 눈 깜짝할 사이에 편지를 꺼내 막스 오빠의 책상 위에 올려두었다. 하지만 넷 중 그 누구도 감히 편지를 개봉할 엄두를 내지 못했다.

한참의 기다림 끝에 결국 마리가 편지칼을 가져 와 봉투를 뜯은 뒤 매우 느린 속도로 편지지를 봉투 밖으로 꺼냈다. 하얀색의 평범한 편지지였다. 편지 내용은 손으로 쓴 글씨였는데, 워낙 고풍스러운 필체여서 '해독'하기가 쉽지 않았다. 마리는 심지어 첫 번째 문장조차도 제대로 읽어내지 못했다.

"이리 줘 봐!"

아만다가 마리를 재촉했다.

"우리 할머니 글씨체랑 비슷해. 어쩌면 내가 조금은 읽을 수 있을 거야."

겸손한 말과는 달리 아만다는 편지 전부를 단숨에 술술 읽어 내려갔다.

친애하는 골트라우쉬 교수님께

모든 것이 계획대로 착착 진행되고 있습니다.
부탁하신 물건도 손에 넣었습니다.
이 편지를 쓰는 동안에도 그 물건을 손에 쥐고 있는데,
정말이지 화려하게 반짝이며 빛을 발하고 있네요.
이 물건을 그토록 갖고 싶어 하는 이유가 무엇인지
잘 알 것 같습니다.
물건을 손에 넣기까지 고생이 이만저만이 아니었습니다.
부디 제가 겪은 고초들을 높이 사주시길 바랍니다.
다시 말해 적절한 대가를 지불하라는 뜻이지요.
그렇지 않을 경우, 아마 우리는 서로 원수지간이 되고 말 겁니다.
참, 교수님을 위해 박스 하나를 숨겨두었습니다.
쇤호프의 실러 가로 가 보세요.
참고로, 실러 가는 막다른 골목인데,
끝까지 걸어가면 집이 세 채 나올 겁니다.

그중 한 집에는 제 부하가 살고 있고,

또 다른 한 집에는 우편배달부가 살고 있으며,

나머지 한 집은 비어 있습니다.

흰색 집은 노란색 집의 왼편에 있고,

우편배달부는 제 부하가 살고 있는 집의 왼쪽에 살고 있습니다.

붉은색 집은 빈집의 오른쪽에 위치해 있습니다.

제 부하는 붉은색 집의 오른쪽에 살고 있고요.

제 부하는 지금 이 순간에도 교수님이 도착하시기만을 기다리고 있습니다.

그럼, 성공을 기원합니다!

존경을 담아, XXX로부터

"자, 이 정도 정보면 충분해. 다들 이제 우리가 어디로 가야 하는지 알겠지?"

막스가 소리쳤다.

XXX 씨의 부하가 살고 있는 집은 과연 무슨 색 페인트로 칠한 집일까? 참고로 흰색 집이 정답이라면 98쪽으로, 붉은색 집이 정답이면 138쪽으로, 노란색 집이 정답이면 71쪽으로 이동하면 된다.

다행히 그 다음으로 현관 벨을 울린 사람은 진짜로 조였다.

“안녕, 생일 축하해. 오늘 정말 즐겁게 보내고, 앞으로도 좋은 일만 가득하길 바랄게! 그리고…… 미안해, 내가 너무 늦었지? 생일 카드를 만드느라 늦은 거야, 이해해줄 수 있지?”

조가 정말 많이 미안했는지 횡설수설하며 수많은 말들을 늘어놓았다.

사실 마리는 기다리다 지쳐 화가 난 터였지만 짝꿍인 조가 정성스레 준비한 카드에다 자기가 제일 좋아하는 밴드의 CD까지 선물로 주자 방금 전까지 꽁꽁 얼어붙었던 마음이 마치 봄눈처럼 사르르 녹아내렸다.

이제 올 손님들은 모두 다 왔고, 받을 선물도 모두 다 받았다. 그 말은 곧 파티를 시작해도 좋다는 뜻이요, 이제 피자를 주문해도 좋다는 뜻이었다. 마리의 엄마는 막스와 아만다, 마리와 조를 모두 불러 어떤 피자를 주문할지 상의했다.

그런데 사람이 많다 보니 피자를 고르는 데에도 문제가 많았다. 마리는 ‘하와이안 피자’가 아니면 안 먹겠다고 고집을 피웠고, 조는 파인애플을 먹으면 두드러기가 난다며 하와이안 피자는 절대로 안 된다고 우겼다. 아만다는 햄을 싫어했고, 막스는 햄이 빠진 피자는 피자가 아니라며 고래고래 고함을 질렸다. 그 와중에 마리의 엄마는 치즈 피자는 어떠냐고 제안했다. 기나긴 토론 끝에 결국 '콤비네이션 피자'를 주문하기로 했다. 살라미 소시지와 버섯 그리고 페퍼로니가 들어간 피자였다.

어떤 토핑을 추가할지를 두고 한바탕 논란이 벌어진 것도 사실 무리는 아니다. 싸움이 나지 않기에는 토핑의 종류가 너무 많았기 때문이다. 마리 엄마가 주문한 피자 가게에서 제공하는 토핑은 살라미 소시지, 햄, 양송이버섯, 파인애플, 페퍼로니, 고구마, 양파, 새우 그리고 파프리카였다. 그렇다면 그 중 세 가지 토핑을 고를 수 있는 방법은 모두 몇 가지가 있을까?

삼십 분쯤 걸었을까, 커스티는 드디어 버처 가에 도착했다. 24번지는 어렵지 않게 찾을 수 있었다. 웅장하고 멋진 집이기는 했지만, 지은 지 오래된 건물이었다. 창틀에 화초들이 나와 있는 것으로 미루어 짐작컨대 누군가 살고 있는 게 틀림없었다.

이제 용기란 용기는 모두 짜내어 초인종을 눌러야 할 시간이었다. 그런데 자세히 살펴보니 건물 입구에 2개의 초인종이 있었지만 밀러-그린버그라는 이름의 명패는 보이지 않았다. 초인종 하나는 번스 씨네, 나머지 하나는 톰슨 씨네 것이었다.

'어, 이상하네? 에라, 모르겠다, 아무거나 눌러보자. 누구라도 나오면 그 사람한테 물어보면 되겠지!'

커스티는 초인종 두 개를 다 누른 뒤 누군가가 대답하기만을 기다렸다. 하지만 아무도 나오지 않았다. 인터폰 수화기를 들어 대답하는 사람도 없었다. 다시 한 번 초인종 두 개를 다 눌러봤지만 이번에도 아무런 반응이 없었다. 그렇게 십 분을 기다려도 아무도 나오지 않자 커스티는 계단 세 개를 다시 걸어내려왔다.

아무 소득 없이 발길을 돌리려던 찰나, 커스티는 마지막으로 그 건물을 다시 한 번 보고 싶은 마음에 고개를 돌렸다. 그런데 건물 담벼락에 붙은 안내판 하나가 눈에 들어왔다! 아까는 너무 깊이 생각에 잠겨서 못 보고 지나친 모양이었다. 안내판 문구를 보자 모든 것이 분명해졌다. 그 표지판에 적힌 내용대로라면 초인종 소리에 누가 문을 열어주었다 하더라도 아무 소용이 없었을 것이다. 필요한 모든 정보들은 그 짧은 문구 속에 이미 모두 담겨 있었다. 거기에 적힌 내용은 다음과 같았다.

그레고리 밀러-그린버그
출생년도: MDCCCLVIII
사망년도: MCMXXXII

그레고리 밀러는 몇 세에 세상을 떠났을까?

계산해보니 방문횟수가 결코 적지 않아 커스티는 결국 열 장짜리 묶음을 구입했다. 친절한 매표원이 도장 하나를 찍은 뒤 티켓 묶음을 커스티에게 건네주었다.

이제 목걸이를 살펴볼 시간이었다. 윈터타운의 보석이 보관되어 있는 곳까지 가기 위해서는 특별 전시회장을 지나쳐 가야 했다. 이번 달의 특별 전시회 주제는 '현대 예술'이었다.

마음이 급한 커스티는 최대한 빨리 전시회장을 가로지를 생각이었다. 하지만 몇 미터 가지 않아 커스티의 발걸음은 저도 모르게 느려졌다. 아래 전시물 때문이었다.

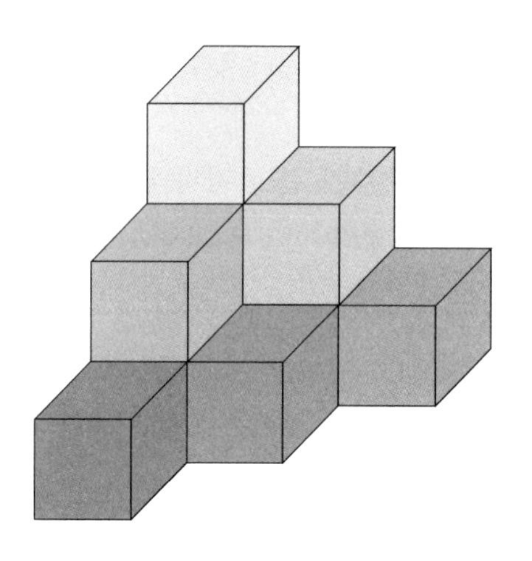

위 조형물의 표면은 총 몇 개의 사각형으로 구성되어 있을까?

마리가 퀴즈를 다 푼 순간, 기다렸다는 듯 조가 방 안으로 뛰어들어왔다. 모두의 시선이 조에게 고정되었다.

"뭐해! 얼른 말하지 않고!"

마리가 조를 닦달했다.

조는 노부인의 집에서 일어난 일들을 하나도 빠짐없이 보고했다.

조는 이번 사건이 게브링거 화학 공장과 분명 관계가 있다고, 최소한 소포 박스를 가져간 사람이 그곳 직원인 것만큼은 틀림없다고 확신했다.

"헤헤, 내가 잔디 깎기에 당첨되지 않아서 얼마나 다행인지 몰라!"

막스가 긴장을 풀어주기 위해 조에게 농담을 건넸다.

"어쨌든 수고 많았어. 네가 캐낸 정보는 금보다 더 귀한 거야! 이제 다음 계획을 짜야 할 시간이군. 그런 건 우리 동생이 잘하지, 그렇지 않냐 마리?"

"두 번 말하면 입만 아프지!"

신이 난 마리가 힘차게 팔을 들어 보였다.

"확실한 건 우리에겐 더 이상 허비할 시간이 없다는 거야. 이미 우린 많은 시간을 허비할 대로 허비했어. 이제 행동을 해야 할 때야. 어떻게든 그 공장에 잠입해야 해! 지금 당장 거기에

가 보자. 내가 알기론 공장 건물들 중 몇 개는 그냥 비어 있어. 그런 건물들에는 아마 쉽게 숨어들어갈 수 있을 거야. 일단 거기까지 간 다음 주변 동정을 살펴보자. 어때, 내 생각이?"

"분부대로 합죠!"

아만다가 농담을 건넸다.

"그런데 미안한데 잠깐만 기다려줄래? 전화 한 통화만 하고 올게. 오래 걸리진 않을 거야."

아만다가 휴대폰을 들고 나간 사이 남은 세 친구는 보상금에 관해 이야기를 나눴다. 자신들이 그 값진 목걸이를 찾아낼 경우, 분명 박물관이나 경찰 측에서 보상금을 줄 것이다. 과연 네 친구는 얼마나 많은 상금을 받게 될까? 그들은 기대감에 부풀었다.

만약 보상금을 받게 된다면 마리는 자기 반 친구 모두의 수학여행 비용을 부담할 거라고 말했다. 수학여행 비용은 과연 얼마일까? 세부 내역을 살펴보니 유스호스텔에서 잘 경우, 숙박료는 1박을 하는데 1인당 20유로이고, 버스대여료는 총 576유로, 동물원 입장료는 총 54유로, 박물관 입장료는 1인당 1.50유로이다. 수학여행 기간은 4박 5일이며, 마리네 반의 인원수는 총 28명이다.

커스티는 엄마가 모빌을 만들 때면 늘 기꺼이 도와드리곤 했다. 하지만 오늘은 시간이 없었다. 마리를 도와 범인을 찾아내는 일이 더 시급했다. 커스티는 얼른 엄마한테 인사를 하고 집을 나와 박물관으로 향했다. 가는 내내 양심의 가책을 느꼈다. 엄마는 커스티가 당연히 합창부 연습에 간다고 믿고 있기 때문이었다. 하지만 엄마한테는 죄송하지만 오늘만큼은 어쩔 수 없었다.

날씨가 매우 화창했다. 이런 날씨에는 버스보다 자전거를 타고 가는 편이 훨씬 더 좋을 것 같았다.

페달을 밟는 동안 커스티의 머릿속에 수천 가지 생각이 스쳐 지나갔다. 이상한 일들이 한두 가지가 아니었다. 우선 윈터타운에서 최근 도난 사건이 발생했다는 말을 들어본 적이 없다는 것부터 이상했다. 윈터타운은 정말이지 작은 마을이었고, 조금이라도 수상한 일이 발생하면 순식간에 마을 전체에 소문이 퍼지기 마련이었다. 그러니 만약 정말 그 값진 목걸이가 사라졌다면 박물관에도 한바탕 난리가 났을 테고, 범인을 잡을 때까지 박물관을 당분간 폐쇄하는 것이 정상인데, 그렇지 않다는 것도 수상했다.

너무나 골똘히 생각에 잠긴 나머지 커스티는 하마터면 박물관 입구를 지나칠 뻔했다. 다행히 곧바로 정신을 차린 커스티는 자전거를 세우고 매표소 쪽으로 걸어갔다.

윈터타운 박물관은 규모는 작았지만 방문객은 꽤 많았다. 윈터타운의 역사를 증명해주는 귀중한 유물들을 전시해 놓은 상설 전시회도 늘 방문객들로 붐볐고, 한 달에 한 번씩 주제가 바뀌는 특별 전시회 역시 늘 새로운 것을 보고 배우려는 시민들로 북적였다.

박물관에 입장하려면 표부터 사야 했다. 그런데 1회용 입장권은 1.80파운드였는데 열 개짜리 묶음을 구입할 경우에는 14파운드였다. 열 장짜리 표의 유효 기간은 구입한 날로부터 1년이었다. 마리는 지난해 자기가 박물관에 몇 번이나 왔는지 떠올려 보았다.

열 장짜리 묶음을 구입할 경우, 몇 번째 방문부터 마리에게 이득이 될까? 그 숫자에 11을 더하면 이 문제의 정답이 된다!

엄마는 잠시 밖으로 나가 우편물을 가져오셨다. 다시 들어오신 엄마의 손에는 편지 한 통이 들려 있었다.

"마리야, 네 앞으로 발신인을 알 수 없는 편지가 또 한 통 왔어!"

마리는 튀어 오르듯 의자에서 엉덩이를 뗐다.

'앗, 어쩌면 그 모든 게 헛수고가 아니었을 수도 있어! 어쩌면 범행을 막을 수 있는 새로운 기회가 주어질지도 몰라!'

문제 풀기에 열중해 있던 막스도 또 다른 익명의 편지에 급히 관심을 보였다. 새로운 희망이 싹트는 것 같았다. 마리와 막스는 서로 눈빛을 교환했다. 말이 없어도 둘은 알 수 있었다. 바로 이 순간, 두 사람이 똑같은 생각을 하고 있다는 것을…….

마리는 "엄마, 고마워요."라는 말과 함께 잽싸게 편지를 낚아챘고, 남매는 눈 깜짝할 사이에 계단을 뛰어올랐다.

"잠깐, 아직 밥도 덜 먹었잖아!"

엄마가 아이들의 등 뒤

에 대고 소리쳤지만 마리와 막스는 이미 마리의 방으로 들어가버린 뒤였다.

엄마는 고개를 절레절레 저으시며 식탁을 치웠다. 하지만 두 아이의 사이도 좋아지고 기분도 나아진 것 같아 내심 다행스러웠다.

'휴, 아침은 다 못 먹었지만 뭐 어때, 점심 때 많이 먹으면 되지.'

어서 편지를 개봉하고 싶은 마음에 막스가 얼른 가위를 집어 들었다. 하지만 마리가 만류했다.

"잠깐, 그럴 순 없어! 조와 아만다 언니한테 아무것도 알려주지 않은 채 우리끼리 편지를 열어 볼 수는 없어. 그 두 사람도 이 사건의 수사관들이잖아! 나도 당장 편지를 뜯어보고 싶은 마음이 굴뚝같아. 하지만 우리 삼십 분만 참자, 그럴 수 있지?"

소식을 들은 아만다는 그 즉시 출발하겠다고 약속했다. 하지만 조는 상황이 여의치 않은 모양이었다. 수화기에 대고 말을 더듬거리는 조를 보고 마리는 즉시 상황을 눈치챘다.

"뭐야, 할머니가 또 무슨 숙제를 내주신 거야? 어서 말해봐!"

마리의 빠른 추측에 조는 마음이 한결 가벼워졌다. 이번에는 할머니 친구의 건강과 관련된 문제였다.

조의 할머니는 늘 친구들의 건강을 염려했다. 그중 '그린' 할머니는 담배를 많이 피워서 특별히 더 염려되는 인물이었다. 아니나 다를까 그륀 할머니의 건강은 실제로 악화되었고, 조의 할머니는 어떻게 하면 담배를 끊을 수 있게 만들지를 두고 고심 중이었다. 참고로 그륀 할머니는 매일 열여섯 개비를 피운다. 담배 한 개비는 정확히 23센트이다.

조의 할머니는 거기에서 좋은 아이디어 하나를 생각해 냈다. 알뜰한 그륀 할머니에게 흡연이 얼마나 돈을 낭비하는 일인지를 증명하면 그륀 할머니도 결국 금연을 하게 될 거라 믿은 것이었다. 그륀 할머니가 금연을 할 경우, 1년에 얼마를 절약할 수 있는지를 계산하는 것은 물론 조의 몫이었다!

그륀 할머니는 1년에 얼마를 연기로 날려버리고 있을까?(단위: 유로)

'제발 내가 누른 버튼이 '녹음' 버튼이어야 할 텐데!'

마리는 기도하는 심정이 되었다.

낯선 목소리의 사내는 어느새 밖으로 나가버렸고, 노이하우스 습지에서 들었던 목소리의 주인공은 누군가와 통화를 하고 있었다.

'와, 저게 제발 녹음이 되고 있어야 할 텐데……, 통화 내용보다 더 확실한 증거가 어디 있겠어!'

사내의 목소리는 한 마디 한 마디 또렷하게 들렸다. 공장 안은 울림이 좋았고, 게다가 네 친구는 여전히 숨을 죽이고 있는 상태였으니 바늘이 떨어지는 소리조차도 들릴 만큼 사방이 고요했다.

통화 내용은 대충 이랬다.

"여보세요? 응, 나야. 목걸이를 좀 가져다줘야겠어. 뭐라고? 물론 잘 숨겨 놨지. 쉰호프 숲에 있는 커다란 단풍나무 알지? 그 옆에 오솔길이 하나 나 있잖아? 응? 뭐라고? 아, 지도를 이메일로 전송해달라고? 알았어. 뭐야? 모레까지 기다려야 한다고? 흠, 자네가 그렇게 바쁘다면 할 수 없지. 골트라우쉬 교수더러 며칠만 더 기다리라고 말해둘게. 그럼 모레 점심 땐 반드시 물건을 갖다주는 거지? 시간 꼭 지켜! 그렇지 않으면 자네랑 나랑은 끝이야! 새로운 파트너를 찾아버릴 거야! 알았어,

그럼 그때 봐!"

전화를 끊은 뒤 그 사기꾼도 공장 건물을 빠져나갔다.

마리는 보이스레코더를 살펴보았다. 아쉽게도 마리가 누른 버튼은 '지우기' 버튼이었다.

하지만 여덟 개의 귀가 통화 내용을 똑똑히 들었고, 이제 목걸이의 행방도 분명해졌다. 네 친구는 잠시 공장 안에서 더 잠복한 뒤 밖으로 나가기로 결정했다. 섣불리 행동했다가 밖에서 범인들과 마주치기라도 한다면 큰일이니 신중에 신중을 기하고 싶었던 것이다.

다시금 지루한 기다림의 시간이 왔고, 기다리는 걸 제일 싫어하는 막스는 이번에도 머릿속에서 수학 문제를 풀며 시간을 때웠다.

1, 4, 6, 7이라는 숫자 네 개를 활용해서 만들 수 있는 네 자리 숫자는 총 몇 개일까? 이때 같은 숫자를 여러 번 써도 좋다!

"휴, 이번 문젠 정말 쉬웠어."

조가 자못 진지한 얼굴로 고개를 끄덕였다.

"할머니가 뭘 계산하라고 하실 때마다 난 정말 간단한 것조차도 못 풀어낼까 봐 무서워 죽겠다니까! 도대체 왜 그렇게 겁이 나는지 모르겠어. 이번 문제는 쉽게 풀려서 얼마나 다행인지 몰라. 얼른 할머니한테 정답을 알려드리고 한달음에 너한테로 달려갈게, 이따 봐!"

조는 늘 그랬다. 간단한 문제쯤은 거뜬히 풀 수 있는데도 불구하고 긴장하는 바람에 늘 쩔쩔매곤 했던 것이다.

어쨌든 오늘도 조는 할머니의 퀴즈를 무사히 풀어냈고, 약속한 대로 삼십 분 뒤에 마리네 집에 도착했다.

네 명이 다 모인 자리에서 막스가 편지를 뜯자, 아만다가 큰 소리로 낭독했다.

잘 지냈니, 마리야?
설마 벌써 날 잊은 건 아니겠지,
익명의 제보자 말이야.
문득 내가 네게 준 정보가 너무 빈약하진 않은지 걱정이 되어서
이렇게 다시 편지를 쓰는 거야.

그사이 넌 아마도 그 일당의 부하인 노부인과 이야기를 나누었고
윈터타운에 대해서도 알고 있겠지?
그럼에도 불구하고 난 네가 지금 막다른 길에 봉착해 있지 않을까 염려가 된단다.
하지만 아무리 힘들더라도 절대 포기하면 안 돼, 알았지?
그런데 미안하지만 내 입장에선 너무 많은 걸 알려줄 수도 없어.
하지만 이것만은 명심해줘,
네가 맡고 있는 이 사건이 정말 중대한 범죄라는 것 말이야.
도난당한 그 에메랄드 목걸이는
윈터타운 시립 박물관에 소장되어 있던 물건이야.
'윈터타운의 보석'이라 불릴 만큼 값진 물건이지.
믿기지 않는다고?
그렇다면 직접 확인해 보렴.
어떻게 확인하느냐고?
그건 네가 스스로 알아내야 할 몫이야!
그럼, 행운을 빌게.

안녕.

편지를 다 읽고 나자 마리는 더더욱 이상한 기분이 들었다.

"아무래도 뭔가 이상해. 이 익명의 제보자가 대체 어떻게 우리가 처한 상황을 이렇게 잘 알고 있는 거지? 분명 수상한 뭔가가 있어. 합법적인 방법으로는 도저히 불가능한 일이야! 아,

몰라! 그냥 편지 따위는 찢어버리고 사건인지 뭔지도 다 잊어버리는 건 어때?"

막스와 조도 같은 생각이었다. 아무리 생각해도 찜찜한 구석이 많았다. 하지만 아만다는 생각이 달랐다.

"잠깐 기다려봐!"

아만다에게 무슨 생각이 있는 듯했다.

"우선 커스티한테 박물관에 가서 목걸이가 도난당한 게 사실인지 확인부터 해달라고 부탁하는 건 어때? 만약 목걸이가 원래 자리에 멀쩡히 잘 보관되어 있다면 진짜로 누군가가 우릴 놀리고 있다는 뜻이야. 하지만 정말로 도난당한 거라면 수사를 계속 해야만 해!"

"아만다 누나 말이 맞아."

조도 아만다의 말에 동의했다.

"어차피 시작한 일인데, 그 정도 시도는 해볼 수 있잖아. 이번에도 일이 꼬인다면, 그때 수사를 접어도 늦지 않다고!"

마리와 막스도 고개를 끄덕였고, 마리는 그 즉시 커스티에게 이번 사건과 관련된 두 번째 이메일을 보냈다.

네 친구는 커스티가 제발 빨리 답장을 보내주길 바라면서 그날은 하루 종일 마리네 집에서 게임하며 시간을 때우기로 결정했다.

네 친구는 여러 가지 게임을 했는데, 그중 한 가지 게임은 다양한 무늬가 찍힌 주사위들을 활용하는 게임이었다. 아래 그림은 그중 한 개의 주사위를 두 개의 각도에서 바라본 것이다. 그렇다면 이 주사위의 십자가 반대쪽 면에는 무슨 무늬가 그려져 있을까?

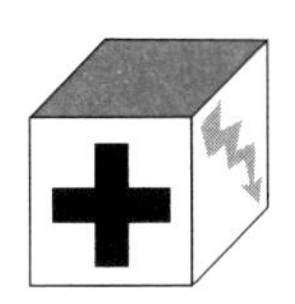

만약 번개무늬라면 이 문제의 정답은 41,
별은 42
십자가는 43
고리는 44
전체가 분홍색 바탕이라면 45
그 외의 다른 무늬라면 46이 된다.

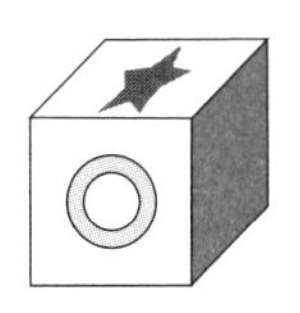

고민 끝에 마리는 결국 제일 좋아하는 보라색 티셔츠와 하늘색 청반바지를 입기로 결정했다. 어쩌면 조와 함께 축구를 해야 할지도 모르니 티셔츠에 반바지 차림이 아무래도 편할 것 같았다.

주방으로 가니 엄마와 아빠가 생일을 축하해주셨다. 막스 오빠도 웬일로 제대로 생일을 축하해주었다. 케이크를 더 많이 먹고 싶어서 그러는 것 같았다.

그런데 마리는 케이크의 촛불을 '후' 불어 끄는 것보다 선물부터 풀고 싶었다. 오늘 받은 선물은 목걸이와 축구공, 티셔츠 그리고 정말 갖고 싶었던 컴퓨터 게임이었다. 마리는 날아갈 듯 기뻤다. 자기가 제일 좋아하는 밴드의 최신 CD까지 있었다면 그야말로 금상첨화였겠지만 이것만 해도 대만족이었다!

매년 그래 왔듯 올해도 마리의 엄마는 케이크 옆에 기다란 촛불 네 개를 켜 두었다. 양초 하나의 길이는 15cm였고, 각 양초는 1분당 1mm씩 타 내려갔다. 마리의 엄마는 정각 9시에 첫 번째 양초에 불을 붙였고, 그로부터 정확히 1분 뒤 두 번째 양초에, 다시 1분 뒤 세 번째 양초에, 다시 1분 뒤 마지막 양초에 불을 붙였다. 그렇다면 마지막 양초가 완전히 타서 없어지는 시각은 정확히 몇 시일까?

커스티는 걸음을 재촉해 도서관에 도착했다. 비옷과 우산 덕분에 다행히 옷이 많이 젖지 않았다. 커스티는 비옷과 우산을 옷 보관소에 맡긴 뒤 책부터 반납했다. 하루만 더 늦었더라면 연체료를 물어야 할 뻔했다. 오늘이 대출 기한 마지막 날이었던 것이다. 책을 반납했으니 이제 그레고리에 대한 조사를 착수할 차례였다.

커스티는 컴퓨터 앞에 앉아 '그레고리 밀러-그린버그'라는 검색어를 입력했다. 소장 도서들 중 해당 이름과 관련된 책들이 있는지 알아보려는 것이었다. 몇 개의 검색 결과가 나오기는 했지만 모두들 윈터타운이나 그 주변에 살고 있는 작가들이었다. 게다가 그 작가들에 대해 더 이상의 정보를 캐낼 수도 없었다. 그 작가들의 작품이 진열되어 있는 코너가 지난주에 비 피해를 입었기 때문이다.

오늘 행운의 여신은 아무래도 커스티의 편이 아닌 듯했다. 신문을 뒤적인 것도 소득이 없었고, 전화 통화 역시 수상하기 짝이 없었으며, 도서관에서는 하필이면 커스티에게 필요한 바로 그 코너가 비 피해를 입었다!

하지만 도서관까지 걸어온 게 아까워서라도 그냥 돌아가기는 싫었다. 뭐라도 해야 시간과 노력이 덜 아까울 것 같았다.

고민 끝에 커스티는 추리소설 세 권을 골랐다. 추리소설은 커스티가 제일 좋아하는 장르였다. 비록 마리의 수사에는 도움이 되지 않겠지만, 그래도 어쨌든 읽고 싶었다. 하지만 책을 고르는 동안에도 '이제 어떻게 하면 좋지?' 싶어 난감한 마음이 들었다. 그때 갑자기 자신이 한 가지 중요한 부분을 놓치고 있다는 사실을 깨달았다. 그건 바로 인터넷이었다! 무의식중에 마리가 당연히 이미 인터넷 검색을 끝냈을 거라 생각했는데, 어쩌면 아닐 수도 있었다!

집으로 돌아가기 위해 황급히 도서관 밖으로 빠져나오려던 찰나, 커스티는 예전부터 도서관에서 관리인으로 일해 온 레드 씨와 정면으로 충돌했다. 무슨 일인지는 몰라도 레드 씨는 혼이 쏙 빠진 사람처럼 보였다.

"레드 아저씨, 얼굴이 왜 그래요? 무슨 일 있어요?"

"아, 너로구나……."

레드 씨가 한숨부터 내쉬었다.

"지하에 도서 보관 창고가 열 개나 있다는 건 너도 잘 알지? 그 창고들의 문을 잠그려고 했는데 갑자기 열쇠꾸러미가 땅에 떨어져버렸지 뭐야. 어느 게 첫 번째 창고 열쇠이고 어느 게 마지막 창고 열쇠인지 도저히 모르겠어. 어떡하면 좋겠니?"

"아저씨, 뭘 걱정이세요, 창고는 열 개밖에 안 되잖아요."

커스티가 레드 씨를 안심시켰다.

"열쇠가 맞지 않으면 다른 열쇠를 넣어 보면 되죠. 모든 가능성을 다 시도한다 하더라도 그리 오래 걸리지 않을 거예요."

레드 씨가 창고 문을 모두 잠그기까지 최대 몇 회를 시도해야 할까?

문제를 다 푼 마리는 얼른 주방으로 가 엄마를 도와 설거지를 했다. 이제 몇 분만 있으면 12시였다. 그 말은 곧 조가 도착할 때가 다 되었다는 뜻이었다. 아니나 다를까 현관 벨이 울렸다.

마리는 활짝 웃으며 문을 열었다.

"조! 잘 왔어! 안 그래도 배가 고파 죽……."

앗, 그러데 문 앞에 서 있는 사람은 조가 아니었다.

"어, 아만다 언니네? 잘 왔어, 얼른 들어와."

마리가 애써 실망감을 감추며 예의바르게 말했다.

"마리야, 잘 지냈어? 생일 축하해!"

아만다가 유쾌한 목소리로 말했다.

"자, 별 건 아니지만 생일 선물이야."

"고마워."

마리는 진심으로 고마웠다. 하지만 조가 아니라는 사실에 실망한 마리의 목소리는 여전히 풀이 죽어 있었다.

그렇지만 이어지는 아만다의 쾌활한 목소리 덕분에 기분이 조금 나아지기는 했다.

"저기 말이야, 뭐, 이미 알고 있겠지만 난 막스를 보러왔어. 정말 어려운 수학 문제를 같이 풀기로 했거든. 아마도 위층에 있겠지? 혹시라도 네 생일에 내가 들이닥쳐서 기분 상한 건 아니지?"
"무슨 그런 말이 다 있니!"
마리와 아만다 사이에 오가는 대화를 주방에서 듣고 있던 엄마가 큰 소리로 외쳤다.
"넌 언제나 대환영이란다! 마리야, 너도 아만다 언니가 좋지?"
그 상황에서 마리가 할 수 있는 행동이라고는 억지미소를 짓는 것뿐이었다.
사실 마리는 아만다 언니가 너무너무 싫었다. '아만다'라는 이름만 들어도 속이 불편해질 정도였다. 막스 오빠는 수학 영재들만 참가할 수 있다는 어느 캠프에서 아만다 언니를 알게 되었는데, 그 뒤 둘은 마치 찰거머리처럼 붙어다녔다. 그리고는 하루가 멀다 하고 막스네 집에서, 혹은 아만다네 집에서 머리를 맞대고 수학 문제를 풀거나 컴퓨터를 만지작거리고 있었다.
하지만 오늘만큼은 마리도 아만다에게 짜증을 부리고 싶지 않았다. 아만다 언니 때문에 자신의 생일을 망치고 싶은 생각은 눈곱만큼도 들지 않았다. 게다가 선물까지 받았으니 미안해서라도 오늘만큼은 참아줘야 할 것 같았다.

아만다가 마리에게 준 선물은 정사각형 모양의 조각 여러 개가 붙어 있는 초콜릿이었다. 정사각형 한 개의 사이즈는 가로 1cm, 세로 1cm였다. 짝꿍인 조를 기다리다 지친 마리는 아만다 언니의 선물을 한조각 한조각 베어 먹었다. 그렇게 계속 먹다 보니 결국 아래 그림과 같은 모양이 되고 말았다. 그렇다면 남은 초콜릿 조각에는 정확히 몇 개의 정사각형(1cm × 1cm) 초콜릿이 포함되어 있을까?

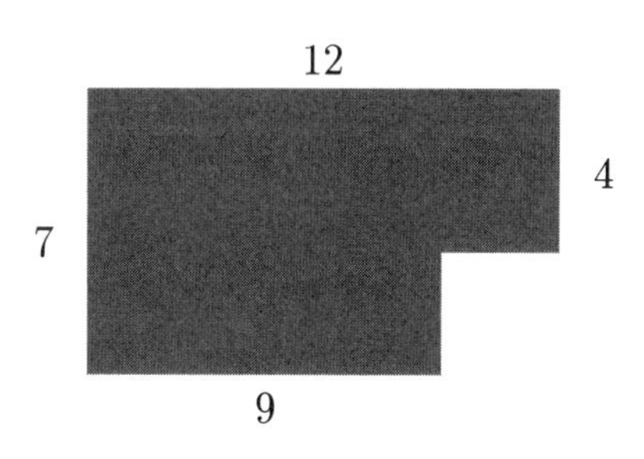

하지만 커스티의 노력은 헛수고에 불과했다. 마구간에 도둑이 들었다는 이야기, 교통사고 기사, 복권 당첨 번호도 읽었고, 제일 좋아하는 축구팀이 약물 복용 사건에 휘말렸다는 기사는 특히 더 열심히 탐독했다. 물론 그 기사가 지금 자신이 맡은 임무에 도움이 될 리는 전혀 없었다.

커스티는 다시 한 번 신문을 1면부터 마지막 면까지 꼼꼼히 읽었지만 그레고리 밀러-그린버그라는 이름은 눈을 씻고 찾아봐도 없었다. 윈터타운이나 주변 마을에는 최소한 그 의문의 인물과 관련된 사건이 벌어지지 않은 게 틀림없었다.

커스티는 포기하지 않고 다음 단계에 착수했다. 다음 단계란 바로 전화번호부를 뒤지는 일이었다. 윈터타운에는 밀러라는 성을 지닌 사람이 쉰 명, 그린버그라는 성을 지닌 사람이 열 명이나 되었다. 하지만 밀러-그린버그라는 이름을 지닌 사람은 단 한 명밖에 없었다. 전화번호부에 적힌 이름은 그레고리가 아니라 사라 밀러-그린버그였지만, 커스티는 사라와 그레고리가 부부일 거라 생각하고 수화기를 들었다.

"여보세요, 밀러-그린버그네 집입니다."

수화기 반대편에서 목소리가 들려왔다.

커스티는 목을 한 번 가다듬은 뒤 독일어로 말했다.

"안녕하세요, 혹시 그레고리 씨랑 통화할 수 있을까요?"

그러자 전화기 속 여인이 갑자기 버럭 화를 냈다.

"뭐야, 지금 날 놀리는 거야!"

분명 독일 말이었다. 하지만 그 여인은 쾅 소리가 날 정도로 험악하게 수화기를 내려놓는 것이었다.

이상하기 짝이 없었다. 마음 같아서는 다시 전화를 걸어 절대로 놀릴 생각은 없었다고 사과하고 싶었지만, 그러기에는 커스티는 너무 소심했다.

전화번호부에서는 더 이상 캐낼 정보가 없었다. 새로운 정보를 입수하려면 다른 방법을 찾아야만 했다. 그래서 마리는 자신이 가장 좋아하는 곳, 즉 윈터타운 도서관에 가 보기로 결심했다. 어차피 대출한 책들을 반납하러 가야 했던 터이니 타이밍도 딱 맞아떨어졌다.

마리는 도서관에서 빌린 책들을 가방에 집어넣은 뒤 얼른 비옷을 걸치고 우산도 챙겼다. 지금은 비가 그다지 세차게 내리지 않지만 몇 블록이나 떨어진 도서관까지 가는 도중에 날씨가 어떤 변덕을 부릴지 몰라서 만반의 준비를 갖춘 것이었다.

커스티는 서둘러 집을 나서 분수대를 지나 상점들이 늘어서 있는 길로 접어들었다. 궂은 날씨에도 불구하고 그 길은 여전히 인파로 붐볐다.

열심히 길을 걷던 커스티는 전자제품 가게 진열 창 앞에서 걸음을 멈추었다. '대폭 할인'이라는 문구를 보자 갑자기 가게 안을 둘러보고 싶은 마음이 들었던 것이다. 평소 커스티는 전자제품에 관심이 없었는데, 오늘은 웬일인지 어떤 물건들이 있는지 살펴보고 싶었다. 그때 쇼윈도에 놓여 있는 가격표 하나가 눈에 들어왔다. 세탁기의 가격이었는데, 정가는 987파운드였다. 하지만 10% 할인을 해주다가 다시 10% 인상되었다고 적혀 있었다.

'쳇, 그럴 거면 애초에 할인은 왜 해줬대? 어차피 원래 가격으로 돌아간 거잖아!'

커스티는 코웃음을 쳤다.

커스티의 생각이 과연 옳을까? 만약 커스티의 생각이 틀렸다면 할인 후 인상된 가격과 원래 가격의 차이는 얼마일까?

문제를 다 푼 막스가 이제 그만 나가도 좋겠다고 제안했고, 모두들 막스의 의견에 동의했다. 어차피 공장 안에는 더 이상 찾아볼 것도 얻어낼 것도 없었다.

인기척이 전혀 없고 사방이 고요했음에도 불구하고 네 친구는 까치발로 조용히 건물을 빠져나갔다. 다행히 공장 밖에는 사람 한 명 지나다니지 않았고, 그 덕분에 편안한 마음으로 울타리를 넘을 수 있었다. 이번에도 물론 바구니는 구멍을 통해 밀어냈다.

"와, 이번 미션은 정말이지 완벽했어!"

마리가 신이 나서 환호성을 질렀다.

"지금부터 어떻게 할 건지는 집에 가서 생각해보기로 하자!"

네 친구는 가벼운 발걸음으로 마리네 집까지 걸었다. 기분이 너무 좋아서 지그재그로 걸은 탓인지 돌아오는 길에는 45분이나 소요되었다.

마리의 방에 들어간 네 친구는 작전 계획을 짜기 시작했다.

먼저 마리가 입을 열었다.

"자, 이제 목걸이가 어디 있는지는 아니까 그걸 가져오기만 하면 돼. 그런 다음 경찰에 그 물건을 넘기고 범인들의 이름과 인상착의도 알려주자. 와, 내가 생각해도 믿기지가 않아, 우리가 이렇게 사건을 해결했다니 말이야! 아니, 정확히 따지자면 사건을 해결하기 일보직전이지! 어서 준비해, 목걸이를 가지러 가야지!"

하지만 나머지 세 친구는 피곤하고 난감하다는 표정만 지을 뿐, 꼼짝도 하지 않았다.

"저기, 마리야, 혹시 지금이 몇 시인지는 알고 하는 말이니?" 막스가 물었다.

시계를 보니 8시 반이었다. 조금 늦은 시각이기는 했지만, 마리는 마음이 급했다. 하지만 마음이 급한 사람은 마리뿐인 듯했다.

"난 얼른 집에 가 봐야 해. 할머니께서 맛있는 음식을 해두신다고 하셨어. 할머닌 아마 내가 오기만을 기다리고 계실 거야."

조가 말했다.

"나도 시간이 없어."

이번엔 아만다였다.

"어차피 범인들이 목걸이를 주고받기로 한 날은 모레잖아. 그러니 내일 아침에 가도 아마 목걸이는 그 자리에 그대로 있을 거야. 시간은 충분해."

"할 수 없지, 다수결을 따르는 수밖에."

마리가 체념한 듯 말했다.

"그럼 내일 아침 9시에 우리 집 앞에서 만나자. 자전거 꼭 갖고 와야 해, 알았지?"

“좋아, 그렇게 하자.”

조가 흔쾌히 동의했다. 아만다도 고개를 끄덕였다.

조와 아만다는 집으로 돌아갔고, 막스는 컴퓨터 작업을 조금만 더 하다가 자러 가겠다고 했다. 마리도 일찍 잠자리에 들 생각이었다. 내일이 바로 ‘디데이’인 만큼 체력을 충분히 보충해두고 싶었다.

마리는 조금 이른 시각임에도 불구하고 침대에 누웠다. 하지만 오늘은 활동량이 많지 않아서인지 잠이 쉽게 오지 않았다. 이에 마리는 잠이 들 때까지 책을 보기로 했다. 그런데 마리의 독서 습관은 매우 특이했다. 매일 몇 쪽씩을 읽는데, 내용의 흐름을 더 잘 파악하기 위해 다음날에는 어제 읽은 분량 중 마지막 다섯 쪽을 다시 읽었다. 이를 테면 월요일에 어떤 책을 읽기 시작했고, 20쪽까지 읽었다면 화요일에는 16쪽부터 다시 읽는 것이었다.

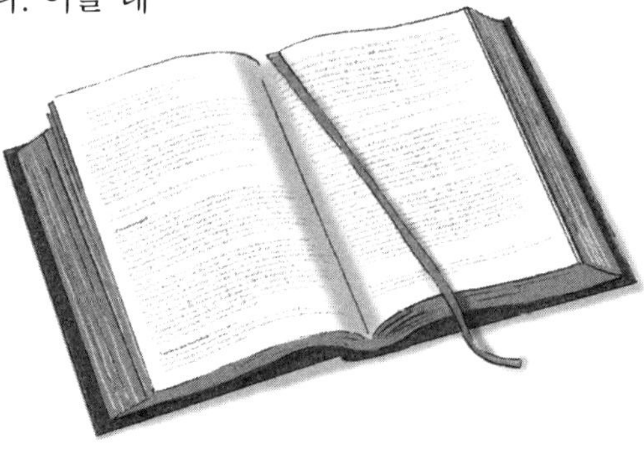

마리가 가장 최근에 읽은 책은 151쪽짜리 책이었고, 읽는 데 총 7일이 걸렸다. 그런데 특이한 독서 습관 때문에 마리가 실제로 읽은 쪽수는 151쪽보다 훨씬 더 많았다. 마리는 총 몇 쪽을 읽었을까?

마리는 그 즉시 실러 가로 가서 대체 어느 집인지 확인하고 싶었지만 이미 시간이 너무 늦은 것 같았다. 조도 저녁을 먹으러 집에 가야 했고 아만다도 다른 볼일이 있다고 했다.

"좋아, 그럼 수사를 내일 오후로 미루는 수밖에 없겠어. 내일 오후에 실러 가에서 다시 뭉치자!"

막스가 의젓한 목소리로 선포했다.

막스의 제안에 모두가 동의했다. 지난 몇 시간은 이미 네 사람에게 극도의 긴장감을 자아내기에 충분했다. 물론 사건의 결말을 알아내려면 밤낮 없이 수사를 해야 하는 것은 사실이지만, 너무 무리하면 오히려 역효과가 날 수도 있으니 잠시 휴식을 취하는 것도 나쁘지 않을 듯했다.

아만다와 조가 돌아간 뒤 마리도 자기 방에 앉아 홀로 생각에 잠겼다. 아무리 생각하고 또 생각해도 그 모든 일들이 거짓말처럼 느껴졌다.

'우리가 정말 진짜 사건을 수사하게 되었다고? 도저히 믿을 수 없어!'

하지만 친구인 조와 막스 오빠 그리고 아만다 언니와 함께 벌써 몇 가지 수수께끼를 풀었고, 퀴즈를 하나씩 풀 때마다 진실에 한 발짝씩 더 가까이 다가가고 있다는 느낌이 들었다. 한

밤중에 습지에서 아찔한 일도 겪었고, 이제는 정체 모를 어떤 중간 전달자의 뒤를 추적할 차례였다. 하루아침에 자신이 소녀 탐정으로 둔갑한 것이었다. 꿈인지 생시인지 지금도 정확히 알 수 없지만, 탐정이 된다는 건 멋진 일임에 틀림없었다. 앞으로는 분명 지금보다 훨씬 더 흥미진진한 일들을 겪을 거라 생각하니 마음이 설레었다. 하지만 설렘과 함께 잠도 쏟아졌고, 마리는 이내 꿈나라로 여행을 떠났다.

다음 날 아침, 마리는 10시가 다 되어서야 눈을 떴다. 아침을 먹은 뒤에는 주사위 만들기에 열중했다. 직접 종이를 자르고 접어서 주사위를 만드는 것이었다. 엄마가 오늘 밤 친구분들과 함께 주사위 놀이를 할 예정이라며 마리에게 주사위를 좀 만들어 달라고 부탁하셨다. 평소 같았으면 그런 부탁을 하지 않았겠지만, 지금은 방학이니 그 정도 시간은 있다고 생각하신 모양이었다.

마리의 눈앞에는 다섯 개의 그림이 놓여 있었다. 잘라서 선을 따라 접으면 주사위를 만들 수 있는 전개도들이었다. 그런데 그중 한 개에 문제가 있는 듯했다. 아무리 접어도 주사위 모양이 나오지 않았다.

1~5번 전개도 중 몇 번이 주사위를 만들기에 적합하지 않을까?

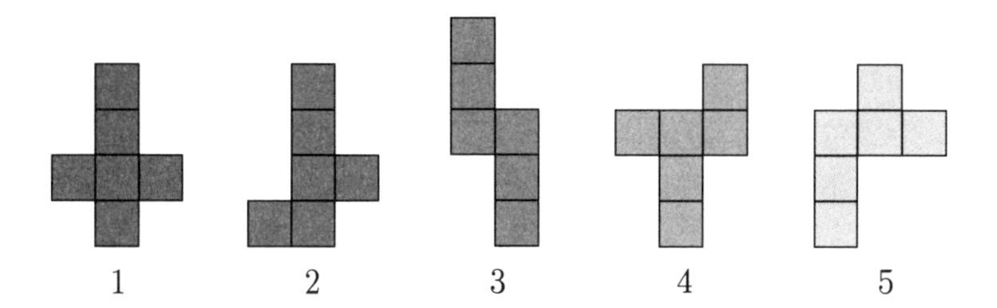

문제를 다 풀고 난 막스가 갑자기 입을 뗐다.

"이젠 완전히 사라진 것 같아! 어서 저 사람들이 숨긴 물건이 뭔지 알아낸 뒤 우리도 빨리 집으로 돌아가자!"

마리와 조는 대답 대신 막스를 따라 구덩이 쪽으로 다가갔다. 5분 정도를 열심히 파자 작은 상자 하나가 나왔다. 하지만 자물쇠로 잠겨 있어서 열 수는 없었다.

막스는 재빨리 상자를 배낭에 넣었다.

"이건 집에 가서 열어 보자! 서둘러, 그 사람들이 다시 돌아올 수도 있잖아!"

마리는 얼른 담요를 챙겼고, 세 친구는 오솔길을 따라 자전거를 세워둔 곳까지 다시금 숨이 찰 정도로 잽싸게 뛰었다.

자전거에 오른 뒤에도 속도를 늦추지 않았다. 조의 집에 도착할 때까지 젖 먹던 힘을 다해 페달을 밟았다. 다행히 조의 집에는 아직도 불이 꺼져 있었다. 부모님이 아직 파티에서 돌아오지 않았다는 뜻이었다.

현관문을 여는 즉시 세 친구는 조의 방으로 허겁지겁 달음질쳤다. 마리와 조는 여전히 말문을 열지 못했다. 숲길을 달리고 페달을 열심히 밟느라 아직도 숨이 차서 입을 뗄 수조차 없었던 것이다. 마리와 조는 방 안에 들어온 즉시 그대로 바닥에

쓰러져 버렸다.

하지만 막스는 아직도 에너지가 남아 있는 듯했다.

"화장실 좀 갔다 올게. 그런 다음 상자를 열어 보자!"

그런데 막스가 화장실에서 나왔을 때 마리와 조는 이미 잠들어버린 상태였다.

'뭐, 괜찮아, 오늘만 날은 아니니까!'

막스도 내일을 기약하며 슬리핑백 속으로 미끄러져 들어갔다. 방금 전까지 쌩쌩하게만 보이던 막스에게도 오늘 일과가 피곤하긴 했는지, 금세 꿈나라로 빠져 들었다.

꿈에서 막스는 어느 수영장 앞에 서 있었다. 거기에서 막스가 맡은 임무는 수영장에 물을 채우는 작업을 돕는 것이었다. 풀pool은 길이가 5,000cm, 너비는 15m, 깊이는 2m 500mm였다. 그렇다면 풀 꼭대기로부터 15cm 아래쪽까지만 물을 채우려고 할 때 물의 양은 몇 m^3인가?

마리와 막스 그리고 아만다는 잔뜩 상기된 얼굴로 조에게 달려갔다. 조는 안에서 일어난 일을 하나도 빠짐없이 보고했다. 자기가 어려운 수학 문제까지 척척 풀었다는 이야기를 하는 대목에서는 특히 더 흥분해서 말이 빨라졌다. 아만다와 막스도 조의 실력에 감탄했고, 마리는 자신의 단짝이 이룩한 성과에 어깨가 으쓱해지는 기분이 들었다.

모두들 조가 임무를 훌륭하게 완수했다며 박수를 보냈다. 조는 박수를 받을 자격이 충분히 있었다. 앞으로의 수사에 반드시 필요한 소중한 정보를 성공적으로 입수했으니 말이다.

"잘했어, 조, 정말 중요한 정보들이야. 그런데 그걸로 이제 뭘 어떻게 하면 좋지? 다 함께 영국으로 날아갈 수는 없잖아. 부모님께서 절대 허락하지 않을걸!"

말을 마친 아만다가 입을 앙다물었다.

"영국까지 안 가도 돼!"

마리가 승리의 미소를 지었다.

"영국에 펜팔 친구가 있어. 그 친구가 어느 도시에 사는지 들으면 모두들 깜짝 놀랄걸! 짜잔, 그 친구는 바로 윈터타운에 살고 있어! 집에 가서 내가 그 친구한테 이메일을 보낼게. 분명 우릴 도와줄 거야."

"와, 정말 멋지다!"

막스가 기뻐하며 외쳤다.

오늘의 결과에 매우 만족한 네 친구는 집으로 향했다. 지난 며칠은 정말이지 긴장의 연속이었다. 모두들 말은 하지 않았지만, 이제 사건의 수사를 제3의 인물에게 맡기게 된 것에 대해 내심 기뻐하고 있었다. 물론 스스로도 충분히 문제를 해결할 수 있었지만, 도움을 주는 친구가 있어서 나쁠 일은 없었다.

집에 도착할 무렵에는 해가 중천에 떠 있었다. 컴퓨터 앞에만 앉아 있기에는 너무나도 화창한 날씨였고, 네 친구는 야외 수영장에 가서 한바탕 신나게 물놀이를 하기로 결정했다. 마리는 영국 친구에게 이메일을 보내야 했지만, 그 일도 수영장에 갔다 온 뒤로 미뤄버렸다.

네 친구는 긴장과 흥분을 가라앉히고, 쉰호프 야외 수영장에 가서 한바탕 신나게 '물과의 전쟁'을 치렀다!

풀의 크기는 다음과 같다(모든 단위는 m임). 풀의 깊이가 5 m 일 때, 풀을 가득 채운다면 총 몇 m^3의 물이 필요할까?

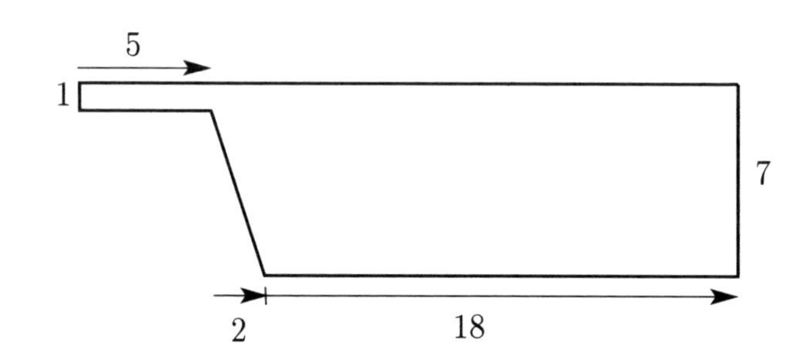

과연 마리네 가족이 오늘 안으로 케이크를 먹을 수 있을까? 정답은, '아빠만 빼고 나머지 사람들은 모두 케이크를 먹을 수 있었다'이다! 슈퍼마켓 매니저인 마리의 아빠는 출근 시간이 비교적 이른 편이었고, 그 때문에 케이크에는 손도 못 댄 채 출근해야 했다.

다행히 엄마와 오빠는 달콤한 케이크를 맛볼 수 있었다. 마리의 엄마는 헌신적인 엄마이자 전형적인 가정주부였고, 막스와 마리는 어차피 방학이어서 서두를 필요가 전혀 없었다.

마리가 선물을 푸는 동안 엄마와 오빠는 케이크만 쳐다보고 있었다. 특히 막스 오빠는 케이크에서 잠시도 눈을 떼지 못했다.

아빠가 나가시는 모습을 보며 막스가 환호성을 질렀다.

"이야, 사람이 한 명 줄었어! 이제 네 명이 아니라 세 명이서 케이크를 나눠 먹으면 되니까 그만큼 더 많이 먹을 수 있게 된 거야! 흠, 마리는 어리지만 오늘의 주인공이니 일단 1/3을 먹고, 남은 케이크 중 엄마가 1/3을 드시고, 나머진 전부 다 내 거야!"

하지만 엄마는 생각이 달랐다. 엄마는 슬며시 미소 지으며 이렇게 말씀하셨다.

"막스야, 난 우리 셋이서 이 치즈케이크를 다 먹어 치울 마음이 전혀 없어. 게다가 만약 그렇다 하더라도 네 분배 방식에는 정말 문제가 많아. 전혀 공정하지 않거든!"

엄마는 왜 막스의 계산 방식이 공정하지 않다고 말씀하셨던 걸까? 막스가 말한 방식으로 케이크를 분배하면 결국 막스에게는 어느 만큼 케이크가 돌아갈까?

마리와 조 그리고 막스는 숨이 찰 정도로 달려서 10시 45분 경에 습지에 도착했다. 초등학교 소풍 때마다 이곳으로 왔었던 터라 오래된 참나무는 금방 찾을 수 있었다. 지도를 보니 나무에서 동쪽으로 오솔길이 나 있는 것으로 나왔다. 동쪽으로 몇 걸음을 이동해야 하는지는 막스가 이미 계산해두었던 터라 편지 속 제보자가 말하는 위치도 어렵지 않게 찾아냈다. 주변에 덤불이 많아 몸을 숨길 곳도 충분했다. 게다가 조가 가져온 녹갈색 담요 아래에 몸을 숨기고 나니 밤이 아니라 훤한 대낮이었다 하더라도 쉽게 발각되지 않을 거란 생각이 들었다. 지금은 밤이니 더더욱 남들의 눈에 띌 리가 만무했다.

막스와 마리 그리고 조는 그렇게 덤불 뒤에 담요로 몸을 가린 채 한동안 웅크리고 있었다. 세 친구 모두 습지의 밤은 처음 체험하는 것이었기에 습지의 밤이 이렇게 으스스한지 처음 깨달았다. 세 친구의 머릿속에는 늪에 산다는 괴물이나 습지에 서식한다는 유령들이 끊임없이 떠올랐다. 덜컥 겁이 나면서 모두들 집에 가고픈 마음뿐이었지만, 마치 몸이 마비된 것처럼 꼼짝도 할 수 없었다. 하지만 아무리 몸이 마비된 것 같아도, 혹은 와들와들 떨려도, 무섭다고 고백하고 싶은 마음은 눈곱만큼도 없었다. 게다가 이제 곧 어떤 일이 벌어질지를 보고 싶어 하루 종일 고대해온 마당에 지금 와서 모든 걸 포기할 수는 없었다!

그러나 으스스한 느낌은 시간이 지나도 누그러들기는커녕 오히려 더 강해졌다. 셋 중 누구도 감히 입을 떼지 못했다. 입을 떼기는커녕 숨조차 쉴 수 없을 정도로 긴장감이 고조되었다. 칠흑처럼 깜깜한 숲 속에는 고요한 기운만이 감돌았다. 개구리나 귀뚜라미 울음소리만이 적막寂寞을 가르며 나지막이 들려올 뿐이었다.

그때였다! 갑자기 노이하우스 시의 종탑에서 11시를 알리는 종이 울렸다.

노이하우스 종탑은 매 시각 정각에 종을 울린다. 종이 울리는 횟수는 시각에 따라 달라진다. 1시면 한 번, 5시면 다섯 번, 오후 1시에도 한 번, 밤 12시면 열두 번을 울린다. 또 매 시각 30분이 되면 '뎅' 하며 한 번 더 울린다. 그렇다면 노이하우스 종탑의 종소리는 하루에 총 몇 번 울릴까?

"이건 진짜 말도 안 돼!"

마리가 거의 울먹이다시피 소리쳤다.

실제로 마리의 눈에는 눈물이 그렁그렁 고였다. 사물함을 열 수 있는 방법이 도무지 떠오르지 않아서 마음이 너무 답답했던 것이다. 그런데 갑자기 '삐이' 소리가 들려왔다!

'엥, 무슨 소리지?'

마리는 자신의 눈을 의심했다. 사물함의 문이 활짝 열려 있고, 그 앞에 조가 서 있었다.

"대체 어떻게 열었어?"

마리의 목소리가 갑자기 한 옥타브 높아졌다.

조는 싱긋 웃으며 여유롭게 대답했다.

"히히, 간단해. 너 혹시, 많은 사람들이 갖고 있는 문제가 뭔지 알아? 바로 생각이 너무 많다는 거야. 난 그냥 '048'을 눌러봤을 뿐이야!"

"와, 너 정말 똑똑하다!"

마리가 감탄을 금치 못했다. 물론 새어나오는 웃음도 감출 수 없었다.

마리와 조는 얼른 사물함을 들여다봤다. 그런데 사물함은 텅 비어 있었다. 하지만 실망하기에 앞서 다시 한 번 찬찬히 살펴

봤더니 얇은 편지봉투 한 장이 눈에 띄었다. 사물함 내부와 편지봉투의 색깔이 너무 똑같아서 눈에 잘 띄지 않았던 것이다. 조는 얼른 편지를 뜯으려 했지만 마리가 급히 말렸다.

"우리 둘이서 이 편지를 먼저 열어볼 순 없어. 아만다 언니와 막스 오빠가 우릴 얼마나 많이 도와줬는지 생각해봐. 그러니까 말하자면 이제 우리 네 명이 한 팀이 된 거라고."

친구의 만류에 조는 순간적으로 당황했지만 금세 마리의 의견에 동의했다. 사실 조가 알기로 마리는 아만다 누나를 그다지 좋아하지 않았고 막스 형과도 공통점이 별로 없었지만 이번 사건을 파헤치기 시작한 뒤부터는 세 사람 사이가 완전히 달라진 것 같았다.

마리는 편지를 가방에 잘 챙겨 넣은 뒤 다시 사물함을 잠그고는 열쇠를 조에게 건넸다. 그런 다음 마리네 집으로 향했다. 막스와 아만다는 한참 전부터 막스의 방에서 동생들이 도착하기만을 기다리고 있었던 듯했다.

"얘들아, 방금 지난번 수학캠프의 최종 테스트 성적표가 배달되었어."

아만다가 약간 들뜬 목소리로 말했다.

"막스랑 난 성적이 꽤 괜찮은 것 같아. 하지만 아직 정확히 몇 점인지는 몰라. 심지어 성적표조차도 수학 문제를 풀어야 읽을 수 있게 구성되어 있거든!"

과연 막스와 아만다는 수학 캠프의 최종 테스트에서 몇 등을 차지했을까? 그 답을 구한 뒤 막스의 등수와 아만다의 등수를 더하고, 그런 다음에는 거기에 8을 곱한 값이 바로 이 문제의 정답이다! 잠깐, 이것만 듣고 어떻게 풀 수 있냐고 푸념하기 전에 힌트부터 들어 보시길!

캠프 참가자 6명 중 최종 테스트에서 똑같은 점수를 기록한 사람은 없다. 즉 모두의 점수가 서로 달랐던 것이다. 그런데 아만다의 점수는 리처드보다는 높았지만 이네스보다는 낮았다. 이네스의 점수는 막스의 점수에서 1점이 모자랐다. 톰의 점수는 리처드의 점수보다 낮았고, 케스틴보다 점수가 낮은 사람은 톰밖에 없었다.

아만다가 자신의 물건을 담고 나자 막스가 바구니를 천으로 덮었다. 그런 다음 손잡이를 아래쪽으로 당겨서 내리자 바구니가 육면체 모양이 되었다.

그렇게 모든 준비를 끝낸 뒤 네 친구는 집을 나섰다. 게브링거 화학 공장까지는 걸어서 삼십 분 거리였다. 하지만 다들 마음이 조급한지라 게브링거 공장까지 가는 길이 실제보다 더 멀게만 느껴졌다.

게브링거 공장은 쇤호프 시 외곽의 공장 지대에 위치해 있었다. 공장 부지는 상당히 넓었다. 대형 건물만 열 개에 달했고, 건물들 사이사이에 있는 주차장들도 꽤 널찍했다. 예전에는 그곳에 게브링거 공장밖에 없었다. 하지만 최근 몇 년 사이 그 지역에 수많은 다른 회사들이 입주했다. 주거 지역에서 멀리 떨어져 있다는 이유로 정화 시설이 들어섰고, 그 외에도 제지 공장과 도기陶器 공장, 자동차 공장 등도 쇤호프 공장 지대를 선택했다. 그러는 동안 게브링거 화학 공장은 오히려 사업 규모가 줄어들었다. 물론 지금도 여전히 가장 넓은 면적을 차지하고 있는 회사는 게브링거 화학 공장이었지만, 게브링거 소속 건물들 중 많은 건물들이 지금은 활용되지 않은 채 방치되어 있었다.

한편, 쇤호프 공장 지대에 도착한 뒤에도 네 친구는 게브링거 공장 건물까지 가기 위해 우선 공장 외부의 널찍한 주차장부터 가로질러야 했다.

주차장에는 꽤 많은 자동차와 18대의 오토바이가 서 있었다. 그 모든 차량들의 바퀴 수는 총 224개였다. 그렇다면 주차되어 있는 자동차는 총 몇 대일까?

그레고리 밀러-그린버그가 십 년 전에 이미 사망했다니, 정말이지 충격적이었다! 누군가 그레고리의 이름을 무단으로 도용한 게 틀림없었다. 마리가 거짓말을 했을 리는 없고, 그렇다면 결국 이 사건은 처음부터 '냄새가 나는' 사건이라는 뜻이었다!

'대체 누가 그런 짓을 했을까!'

커스티는 자기가 이렇게 실망스러운데 마리의 얼마나 실망이 클지 생각하니 마음이 무거워졌다. 마리는 자기보다 훨씬 더 많은 시간을 이 사건에 투자했기 때문이다. 이 사실을 어떻게 마리에게 전달해야 좋을지 몰라 난감하기 짝이 없었다.

'그레고리 밀러-그린버그가 그 소포의 발신인일 가능성은 제로라는 말을 듣고 나면 마리는 대체 어떤 기분이 들까? 그 이름이 이번 사건 해결의 유일한 희망인데, 너무 심하게 낙담하지는 않을까……?'

커스티는 무거운 마음을 안고 집으로 돌아왔다. 도착할 때쯤 다시 비가 억수같이 쏟아지기 시작했지만 커스티는 우산도 펴지 않았다. 망연자실한 마음에 우산을 펼쳐 들 기운조차 없었고, 온몸이 흠뻑 젖든 말든 거기에 신경 쓸 여유조차 없었다.

'에휴, 드디어 마리가 말한 사람을 찾았는데, 대체 이게 뭐

람……. 마리한테 결국 희소식을 못 전하게 생겼잖아!'

비를 쫄딱 맞은 채 집 안으로 들어온 커스티의 모습을 본 엄마가 당장 욕실로 들어가라고 명령하셨다. 어차피 커스티도 목욕부터 할 생각이었다. 공연히 감기에 걸려서 며칠 동안 앓아눕고 싶은 마음은 없었으니 말이다.

씻고 나온 커스티는 다시금 컴퓨터 앞에 자리를 잡았다. 마리에게 보낼 이메일을 작성하기 위해서였다. 그런데 이메일을 쓰려면 로그인부터 해야 했고, 그러려면 당연히 아이디와 비밀번호를 입력해야 했다. 커스티(KIRSTY)의 비밀번호는 자신의 이름에 포함된 알파벳의 순서만 바꾼 것이었다.

사실 이름 알파벳의 순서만 바꾼 비밀번호는 위험하기 짝이 없다. 이 책을 읽고 있는 친구들은 부디 그보다 더 복잡한 비밀번호, 남들은 결코 알아내기 힘든 비밀번호를 사용하기 바란다. 하지만 그 문제는 각자 알아서 해결하기로 하고 지금은 커스티(KIRSTY)의 비밀번호가 될 수 있는 알파벳의 조합이 총 몇 개인지부터 알아보자!

피자는 그야말로 순식간에 배달되었고, 모두들 한동안 굶은 하이에나처럼 덤벼들었다. 그 와중에도 조는 계속 웃긴 이야기들을 늘어놓았는데, 어찌나 재미있는지 냉랭한 표정이 트레이드마크인 아만다 언니마저 새어 나오는 웃음을 참지 못하고 입술을 씰룩거렸다. 피자도 진짜 맛있었다. 방금 전까지 토핑 때문에 다투었다는 게 거짓말처럼 느껴질 정도였다.

피자를 다 먹고 나자 마리가 오늘 선물 받은 축구공을 들었다. 조와 함께 공을 차고 싶었던 것이다. 그런데 엄마가 뭔가 할 말이 있는 듯했다.

“마리야, 잠깐만! 네 앞으로 온 편지가 한 통 있어. 그런데 누가 보냈는지 적혀 있지 않아.”

마리로서는 이해가 되지 않았다.

‘요즘처럼 다들 이메일로 서로 소식을 전달하는 마당에 누가 대체 케케묵은 방식으로 편지를 보냈지? 할머닌가? 아냐, 그럴 리가 없어. 할머닌 원래 늘 내 생일을 깜박하시고는 다음날 아침에 꼭두새벽부터 전화를 거시잖아? 게다가 만약 할머니가 보낸 편지라면 발신인을 굳이 숨길 이유가 없었겠지?’

마리는 골똘히 생각에 잠겼지만 아무리 생각해도 자신에게 익명의 편지를 보낼 만한 인물이 떠오르지 않았다. 편지를 뜯기 전에는 절대 해결되지 않을 문제 같았다. 마리는 편지를 받아들고 조와 함께 2층의 자기 방으로 올라갔다. 그런데 마리가 편지를 뜯기도 전에, 그러니까 방 안에 들어서자마자 조가 책상 위에 놓여 있던 메모지에 관심을 보였다.

"어라, 이게 뭐야?"

"아, 그거? 그거 사실 막스 오빠가 적어 놓은 거야. 궁금한 문제가 떠오를 때마다 그렇게 적어뒀다가 나중에 풀곤 하거든. 우리 엄만 그것도 모르고 그 종이를 자꾸만 내 책상 위에 놓아두신다니까!"

"꽤 재미있는 문제 같은데?"

조가 눈을 반짝이며 말했다.

"잘 들어봐, 줄리안이라는 애가 12를 반으로 나누면 7이 된다고 말했대. 왜 그렇게 되는지 증명도 할 수 있다고 했대! 혹시 정답이 뭔지 알아?"

"응, 간단해. 알고 보면 정말 쉬운 문제야. 왜 그렇게 되는지 알려줄게. 그리고 나서 같이 편지를 읽자."

12를 반으로 나누었는데 어떻게 6이 아니라 7이 될 수 있을까? 찬찬히 생각해보고, 그래도 도무지 이유를 모르겠다면 정답을 확인해보길 바란다. 참고로 이번에는 '정답에 따른 이동 대상 페이지'가 따로 없는 만큼, 문제를 푼 다음 98쪽으로 이동하면 된다!

조는 기계를 꺼내 잔디를 깎기 시작했다. 사실 잔디 깎기는 조에게는 식은죽 먹기였다. 집에서도 아버지를 도와 늘 하는 일이었기 때문이다. 하지만 노부인의 정원은 정말이지 넓어도 너무 넓어 해도 해도 끝이 나지 않을 것만 같았다. 그래도 두 시간 정도 지나자 다행히 조금씩 끝이 보이기 시작했다.

"아, 정말 잔디를 깔끔하게 정리했는걸. 커피 한 잔 값은 하고도 남겠어!"

주방 창문 밖으로 노부인이 소리쳤다.

'어휴, 잔디 깎는 일도 힘든데 그 역겨운 냄새를 풍기는 커피까지 마셔야 한다니……, 오늘은 정말이지 재수가 없나 봐!'

하지만 새로운 정보를 얻기 위해서라면 조는 무엇이든 참아낼 작정이었다. 작업을 마친 조는 식탁 앞에 앉았고, 노부인은 커다란 잔에 커피를 가득 부어주었다.

'아이고, 내가 정말 못 살아!'

"자, 이번엔 뭘 알고 싶어서 날 이렇게 찾아온 거니?"

노부인이 물었다.

"지난번에 주신 발신인에 관한 정보가 정말 많은 도움이 되었어요. 이번에는 소포를 찾아간 사람에 관해 좀 알아보려고 왔어요. 그 정보가 반드시, 그것도 지금 당장 필요하거든요."

"내가 알고 있는 건 지난번에 이미 다 말해줬는데. 미안하지만 날이 많이 어두워졌고 내 시력도 예전같지 않단다!"

노부인이 약간 짜증 섞인 목소리로 말했다.

'뭐야, 그럼 잔디는 왜 깎은 거야!'

조도 부아가 치밀었다. 하지만 애써 화를 억누르며 최대한 예의를 갖춰 다시 한 번 잘 생각해보시라고 정중하게 부탁드렸다.

"정 그렇다면 할 수 없구나, 알았다, 한 번 해보자꾸나……."

노부인이 한숨을 내쉬며 말했다.

"그러니까 소포를 가지러 왔던 사람은 분명 남자였단다. 이건 지난번에도 이야기했지? 가만있어 보자, 옷은 뭘 입고 있었더라……, 형광 노란색 티셔츠에 무슨 문구가 인쇄되어 있었어. 문구 전체가 기억나지는 않는데, 분명 '게(GE)'로 시작되는 글귀였어."

"혹시 '게브링거Gebringer' 아니었나요? 분명 그거였을 거예요.

쇤호프 외곽에 게브링거라는 이름의 오래된 화학 공장이 하나 있거든요. 그 회사의 작업복이 형광 노랑 바탕에 검은색으로 회사 이름이 적혀 있는 티셔츠예요!"

흥분한 조가 폭포수처럼 말을 쏟아냈다.

"그럴 수도 있겠군. 하지만 난 더 이상은 모르겠다. 다른 걸 더 알고 싶다면 다음에 와서 잔디를 또 깎아주렴!"

조용하지만 단호한 말투였다.

조는 얼른 노부인에게 감사인사를 드리고, 예의 차원에서 다시금 커피를 한 모금 들이켠 뒤 얼른 밖으로 빠져나와 그길로 곧장 마리네 집으로 자전거를 몰았다. 가는 동안 많은 생각이 뇌리를 스쳤다.

'노부인은 왜 그 정보를 지난번에는 주지 않았던 걸까? 일부러 그랬던 걸까, 아니면 지난번에는 정말 기억이 나지 않았던 걸까? 과연 우리는 범인을 추적할 수 있을까?'

조는 한 번 계산을 해보았다. 만약 범인이 나흘 전에 도주를 시작했는데 네 친구가 범인보다 매일 1.5배 더 열심히 추적한다면 네 친구는 과연 언제 범인을 따라잡을 수 있을까?

"사물함은 지하층에 있어."

조가 말했다.

"우리 아빠도 늘 이용하시지. 일 때문에 출장이 잦으신데, 그 때마다 정말 유용하게 사용하신대."

"으이그, 그걸 왜 이제야 말하는 거야? 그런데 잠깐, 그럼 넌 이 열쇠가 중앙역 사물함 열쇠인 걸 벌써 알고 있었다는 거잖아?"

마리가 으르렁거렸다.

"저기, 열쇠를 한 번 잘 살펴봐. 숫자 밑에 '쇤호프 중앙역'이라고 적혀 있거든……?"

마리도, 아만다 언니도, 막스 오빠도 발견하지 못한 사실이었다. 조의 지적에 마리의 얼굴이 순식간에 새빨개져버렸다. 진짜 너무 창피했다. 마리는 얼른 주제를 바꿨다.

"뭐, 좋아. 어쨌든 적어도 그럼 여기로 온 게 옳았다는 뜻이지?"

마리와 조는 사물함이 있는 지하층까지 계단을 걸어 내려갔다. 사물함이 설치되어 있는 곳의 복도는 어둡고 음산했다. 전구는 이미 오래 전에 나간 듯했다. 마리와 조는 조심스레 벽을 짚으며 번호를 하나하나 확인했다. 048번 사물함은 거의 복도 끝에 있었다. 총 50개의 사물함이 있었으니, 그 위치에 있는 게 어찌 보면 당연했다.

마리와 조는 우선 걸음을 멈추고 숨부터 깊이 들이마셨다. 그런 다음 열쇠를 사물함 구멍에 집어넣었다. 꼭 맞았다! 흥분한 마리가 급히 열쇠를 비틀었지만 사물함은 열리지 않았다. 대신 사물함 문에 붙어 있던 LCD창에 '비밀번호를 입력해주세요!'라는 문구가 떴다.

"에잇!"

마리가 저도 모르게 순간적으로 짜증을 냈다.

"어떡하지? 어떻게 하면 열 수 있을까?"

마리와 조는 실망한 표정으로 서로를 멍하니 바라보았다.

비밀번호가 세 자리 숫자인 것만큼은 분명했다. LCD창에 그 이상의 숫자를 입력할 공간은 없었다.

만약 두 친구가 가능한 모든 세 자리 숫자를 다 시도해 본다면, 그리고 숫자 한 개당 4초가 소요된다면 총 몇 초의 시간이 필요할까? 이때 똑같은 숫자를 중복해서 사용할 수 있다는 점에 주의하기 바란다. 즉, '034'처럼 각 자리에 서로 다른 숫자를 쓸 수도 있지만 '009'처럼 같은 숫자를 두 번 반복할 수도 있고, 심지어 '000'처럼 같은 숫자를 세 번 반복할 수도 있다는 뜻이다.

"자, 이제 됐지?"

12를 반으로 나눴는데 어떻게 7이 될 수 있는지를 설명해준 마리가 흡족한 표정으로 조에게 물었다.

"응. 정말 신기하고 재미있는 문제였어. 막스 형이 하루 종일 뭘 하는지 정확힌 모르겠지만, 늘 뭔가 재미있는 걸 하고 있는 게 분명해."

조가 잠시 생각에 잠기더니 다시 말을 이었다.

"참, 아까 편지를 뜯어 봐야 한다고 하지 않았어? 어서 뜯어 봐!"

마리는 가위로 조심스레 봉투를 개봉한 뒤 편지지를 펼쳤다.

마리야, 안녕!

이건 말하자면 익명의 편지란다.
듣자 하니 네가 굉장히 씩씩하고 총명한 아이라더라?
이젠 그 소문을 증명할 때가 왔어.
최근에 굉장한 비밀 하나를 알게 되었어.
숲 속 어느 덤불 부근에 중요한 물건 하나가 숨겨져 있다는 거야.
노이하우스 습지는 너도 어딘지 잘 알지?
네가 살고 있는 쇤호프에서 가깝잖아.

그런데 밤 11시에 그곳에서 무슨 일이 벌어질 거래.
정확히 어디로 가야 되냐고?
지금부터 그 장소를 알 수 있는 방법을 설명할게.
조금 돌려 말할 건데, 아마 너라면 쉽게 찾아낼 수 있을 것 같아.
그 숲 속에 오래된 참나무 한 그루가 있다는 건 너도 잘 알고
있지?
(그걸 모르는 사람은 아마도 없을 거야.)
그 나무에서 동쪽으로 몇 걸음을 간 뒤 몸을 숨기고 기다리면 돼.
정확히 몇 걸음을 가야 하냐고?
그건 간단한 퀴즈 하나만 풀면 돼. 그 안에 정답이 있어.
자, 여기 세 개의 연산 문제가 있어.
네 과제는 그중 마지막 빈 칸 네 개를 채우는 거야.
그런 다음 우선 첫 줄과 두 번째 줄 마지막 칸에 적힌 숫자를 더해.
거기에다 세 번째 줄 마지막 칸에 적힌 숫자까지 더하면
그게 바로 이 문제의 최종 정답이자,
네가 오래된 참나무에서 동쪽으로 몇 걸음을 걸어가야 하는지를
뜻하는 거야.

"우와, 이게 대체 뭐야! 진짜 멋지다!"

조가 흥분해서 소리쳤다.

마리 역시 긴장되고 흥분되긴 마찬가지였다. 내일 밤 11시에 노이하우스 습지에 간다는 생각만으로도 이미 가슴이 두근

두근했다. 이제 남은 건 참나무에서 몇 걸음을 이동해야 하는지를 계산하는 것뿐이었다. 그러는 사이 마리와 조는 축구를 하겠다는 생각 따위는 아예 잊어버렸다.

우선 아래에 적힌 숫자들을 보고 첫 번째 줄과 두 번째 줄의 빈 칸 네 개에 들어갈 숫자를 채워야 한다. 그런 다음 각 줄의 마지막 칸에 적힌 숫자들을 세 번째 줄에 다 적어 넣고 더하면 이 문제의 최종 답이 된다!

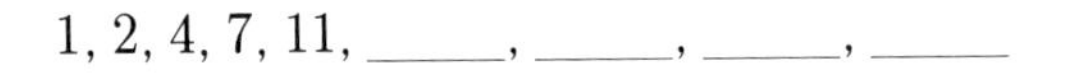
1, 2, 4, 7, 11, _____, _____, _____, _____

1, 5, 3, 15, 13, 65, 63, _____, _____, _____, _____

_____ + _____ = __________

"잠깐!"

조가 끼어들었다.

"난 그렇게 복잡한 문제 따윈 풀기 싫어. 그냥 내가 벨을 누르면 되는데, 그걸 대체 왜 풀어야 하냐고! 그냥 내가 그 박스를 가져올게. 그럼 됐지?"

"역시나 넌 사람 놀라게 만드는 데엔 선수야!"

막스가 말했다.

"그런데 혹시 그거 알아? 어차피 넌 퀴즈를 풀지 못했을 테고, 그러니 벨을 누르고 박스를 가져오는 건 어차피 네 몫이었을 걸!"

그 말을 들은 조의 얼굴이 새빨갛게 달아올랐다.

"형이 그걸 어떻게 알아? 길고 짧은 건 대봐야 아는 법이잖아! 어쨌든 누군가는 희생을 해야 하니, 그냥 내가 총대를 메겠다는 거야. 그런데 다들 대체 왜 그렇게 겁부터 집어먹어? 설마 무슨 일이 일어나기라도 하겠어?"

그때 마리가 걱정스런 표정으로 말했다.

"그런데 만약 소득이 없으면 어떡하지? 그러니까 내 말은, 누가 벌써 박스를 가져가버렸으면 어떡하느냔 말이야."

"그렇게 세부적인 것까지 일일이 예측하고 계획을 세울 순 없어. 닥치면 그때그때 방법이 떠오르겠지. 자, 이제 진짜로 행동에 돌입해야 할 시간이야!"

말을 마친 조가 현관으로 이어진 계단을 오른 뒤 초인종을 눌렀다. 안에서는 아무런 반응도 없었다. 그러자 조도 슬슬 불안한 마음이 들었다.

'내가 너무 경솔하게 덤빈 건 아닐까? 마리가 걱정하는 데에는 다 이유가 있었을 텐데 말이지.'

조는 사실 위험한 일 따위는 결코 벌어지지 않을 거라 생각했다. 하지만 생각해보니 그 부하라는 작자가 무기를 소지한 흉악범일지도 모를 일이었다. 하지만 네 친구는 어떤 대가를 치르더라도 반드시 그 다음 단계로 나아갈 수 있는 정보를 캐내고 싶었다.

조는 다시 한 번 용기를 내어 벨을 눌렀다. 여전히 아무런 반응이 없었다. 그렇게 잠깐을 기다린 뒤 조는 세 친구가 기다리고 있던 쪽으로 다시 내려갔다.

실망한 네 친구가 그곳을 떠나려던 찰나, 인터폰에서 목소리가 흘러나왔다.

"누구시죠?"

조는 인터폰 앞으로 냅다 뛰었다.

"안녕하세요, 소포 박스를 가지러 왔어요."

조가 숨도 쉬지 않고 말했다.

"뭐라고요? 그건 그저께 이미 누가 찾아갔어요. 그 물건은 이제 여기 없어요. 정말 이상하군요. 일단 들어와 보세요. 얼굴을 보고 이야기하는 게 아무래도 편하겠죠?"

인터폰 속 목소리가 말했다.

"너 혼자 들어가야 해."

막스가 히죽거렸다.

"네 명이 우르르 쳐들어 갈 순 없잖아."

"형 말이 맞아. 후유, 제발 내게 행운을 빌어줘!"

조가 한숨을 내쉬면서 집 안으로 사라졌다.

"이젠 우린 기다리는 것 외에는 할 일이 없네. 기다리는 동안 무얼 하면 좋을지 생각해봤는데, 수학 퀴즈 하나를 풀어보면 어떨까?"

아만다가 제안했다.

"저기 저 길 위에 분필로 그어 놓은 선들 보이지? 그 안에 사각형이 과연 몇 개나 들어 있을까? 작은 사각형을 몇 개 이어 붙여 만든 사각형까지 모두 합해서 말이야!"

아래 그림 속에는 사각형이 총 몇 개가 들어 있을까?

"여기에서 일하는 사람들이 정말 많은가 봐!"

주차장을 가로지르며 마리가 감탄했다.

그런데 화학 공장을 바로 눈앞에 두고 네 친구는 다시 한 번 절망에 빠져야 했다. 아무래도 자신들이 생각했던 것만큼 간단한 문제는 아닌 듯했다. 폐허처럼 방치되어 있는 건물에 들어가는 것조차 쉽지 않았다. 2m 높이의 담 때문이었다. 생각해보면 당연한 일이었다. 담 하나도 설치해두지 않은 채 아무나 자유롭게 드나들 수 있게 해둔 공장은 없는 게 당연했다. 조가 알려준 정보에 너무 흥분한 네 친구는 미처 그 부분까지는 생각하지 못했던 것이다.

"우리, 아무래도 큰 난관에 부딪친 것 같지?"

아만다가 한숨을 내쉬며 말했다.

하지만 마리의 생각은 달랐다.

"문제라니, 무슨 문제 말이야? 지금 이 담을 말하는 거야? 이것쯤은 거뜬히 넘을 수 있어. 진짜 문제는 그 다음부터야. 이렇게 아무 허락도 없이 무단으로 남의 공장에 함부로 들어갈 수는 없잖아……."

"그건 마리 말이 맞아."

조가 친구를 거들었다.

"그런데 있지, 물론 우리가 지금 하려는 일이 옳은 일은 아니야. 하지만 결국 좋은 목적을 위해 이 일을 하려는 거잖아, 그치? 충분히 조심하고 주의하면 분명 아무 일도 없을 거야. 그리고 이 울타리는 진짜로 아무것도 아니라는 네 말에 난 전적으로 동의해!"

말을 마친 조가 담을 기어올랐고, 단 몇 초 만에 반대편에서 있었다. 마리도 조를 따라 담을 넘었고, 아만다도 눈 깜짝할 사이에 담을 훌쩍 뛰어 넘었다.

이제 막스만 넘어오면 끝이었다.

"다 좋은데 말이지……."

막스가 갑자기 투덜거렸다.

"저기, 이 바구니는 대체 어떡하면 좋을지 누가 좀 말해줄래? 이걸 들고 담을 넘을 순 없잖아? 그렇다고 여기 그냥 내버려둘 수도 없어!"

그 말을 들은 세 명은 난감한 표정이 되었다.

그때 마리가 소리쳤다.

"저기 앞쪽에 구멍이 하나 나 있어. 어쩌면 거기로 바구니를 통과시킬 수 있을지도 몰라!"

그렇게만 된다면 얼마나 좋을까! 그런데 과연 바구니가 울타리에 난 구멍을 통과해줄까? 울타리 구멍은 길이가 20㎝, 너비가 9㎝이다. 바구니의 길이는 30㎝, 너비는 16㎝이다. 그렇다면 바구니의 높이가 얼마일 때 울타리에 난 구멍을 통과할 수 있을까?(이때 단위는 ㎝) 참고로 바구니를 세우거나 뒤집어서는 안 된다. 그랬다가는 물건들이 뒤죽박죽 다 섞여버릴 테니 말이다.

커스티의 위로에 용기를 얻은 레드 씨는 다시 지하 창고로 향했고, 누군가를 도와주었다는 생각에 기분이 한결 좋아진 커스티도 집으로 향했다.

집에 도착하자마자 얼른 컴퓨터부터 켜고 검색창에 '그레고리 밀러-그린버그'를 입력했다. 단 몇 초 만에 몇 개의 결과가 나타났다. 아무래도 마리가 너무 흥분한 나머지 인터넷으로 정보를 검색할 수 있다는 사실을 깜박했던 게 분명하다는 생각이 들었다.

커스티는 첫 번째 링크부터 살폈다. '윈터타운, 버처 가 24번지'라는 글귀가 눈에 확 들어왔다. 그거면 충분했다. 더 이상의 정보는 필요 없었다. 커스티는 얼른 컴퓨터를 껐다. 문제의 그 장소에 직접 가보려는 것이었다.

하지만 밖에는 아직도 폭우가 쏟아지고 있었다. 어쩔 수 없이 커스티는 우선 오늘 빌려온 소설책을 읽다가 날씨가 개면 그곳에 가 보기로 결심했다. 30분이나 걸어가야 하니 비가 그친 뒤에 나가는 편이 훨씬 더 편할 것 같았다.

책 제목은 '분홍색 코끼리'였다. 독자가 퀴즈를 풀게 만드는 형식의 소설이었다.

책 속 주인공인 네 명의 도둑은 물건을 훔칠 때마다 늘 동물

캐릭터 옷으로 변장했다. 그리고 범죄 현장에는 늘 분홍색의 작은 코끼리 인형을 남겨 두었다.

커스티가 풀어야 할 첫 번째 문제는 네 명 중 누가 어떤 동물로 변장했는지를 알아맞히는 것이었다. 그 네 명은 각기 코끼리, 말, 황새, 펭귄 마스크를 쓰고 있었는데, 수수께끼를 풀 수 있는 열쇠는 다음과 같았다.

우선 루크라는 도둑은 부리를 지닌 동물로 변장했고, 피트는 네 발로 걸어다니는 짐승으로, 팀이 선택한 동물은 피트가 선택한 동물보다 몸집이 컸으며 역시나 네 발로 걸어다니는 동물이었다. 마지막으로 웬디가 선택한 동물의 다리는 붉은색이 아니었다.

누가 어떤 동물 캐릭터를 선택했을까? 이때 웬디가 선택한 동물이 황새일 경우 정답은 5, 코끼리일 경우에는 18, 펭귄인 경우에는 13, 말인 경우에는 12가 된다.

“아, 이제야 이해가 갈 것 같아.”

마리는 고개를 끄덕이다 다시 갸웃거렸다.

“그런데 마지막으로 궁금한 게 한 가지 더 있어. 대체 왜 이 모든 일들을 꾸민 거야?”

마리는 아만다 언니가 자신들을 계속 속여왔다는 사실에 좀 화가 나기도 했다. 하지만 화보다는 호기심이 더 컸다. 아만다가 왜 그 모든 일들을 계획했는지 알고 싶었던 것이다.

“아, 맞아. 그 이야기도 한다는 게 깜박했어.”

아만다가 살짝 손을 들어 보이며 웃었다.

“이유는 간단해. 쉽게 말해 내 몸엔 탐정의 피가 흐르고 있기 때문이지. 우리 아빠도 탐정, 할아버지도 탐정, 할아버지의 아버지도 탐정, 할아버지의 아버지의 아버지도 탐정이셨어. 당연히 내 꿈도 탐정이 되는 거야. 내가 늘 수수께끼를 푸는 것도 전부 다 탐정이 되기 위한 준비 과정이라고 보면 돼. 참, 내가 몇 달 전에 이리로 이사 왔다는 건 다들 알고 있지? 사실 난 옛날 집이 좋았어. 그래서 엄마아빠한테 제발 이사를 안 하면 안 되냐고 사정도 해봤지만 우리 부모님은 할머니 가까이서 살면서 할머니를 돌봐 드려야 한다고 말씀하셨어. 하지만 난 정든 친구들과 작별하는 게 정말 힘들었어. 그곳에서 친구들과 함께 탐정 클럽을 결성했거든? 그런데 그 모든 게 해체된다니, 정말이지 슬프고 마음이 아팠어. 그러다 갑자기 이런 생각이 들었어, 이사를 가게 되면 그곳에서 새로운 팀을 결성하면 된다는 생각 말이야. 수학 캠프에서 막스를 처음 봤을 때 그래서 정말 기뻤어. 탐정 클럽 멤버가 되기에 딱 맞는 조건이었거든. 하지만 단 두 명만으로는 제대로 된 클럽이라 말할 수 없어서 걱정이 되었어. 그런데 막스가 어느 날 마리 네 얘길 해주더라? 똑똑하고 용감하다면서 말이야. 그 말을 듣고 나니 널 꼭 만나보고 싶었어. 총명하고 용감한 친구야말로 탐정 클럽에 꼭 필요한 인물이니까! 게다가 조까지 덤으로 얻었으니 나로선 기쁘기 짝이 없었지. 그러니까 우리 할머니와 협상을 하는 동안 조는 자신이 얼마나 용감한 친구인지 충분히 증명해주었어. 내 생각엔 네 명이면 탐정 클럽을 만들기에 충분한 것 같아. 너희들의 능력이야 이미 잘 알고 있지, 이번 사건을 수사하는 과정에서 확실하게 보여주었잖아? 우린 정말 마음이 잘 맞는 것 같아. 게다가 각자 뛰어난 분야가 달라서 더더욱 좋은 것 같아. 자, 이제 여러분은 아만다 탐정 클럽의 회원이 되셨습니다, 모두들 환영해요!"

"잠깐!"

조가 갑자기 엄격한 말투로 아만다의 말을 잘랐다.

"좋아, 우린 이번 사건을 통해 우리의 능력을 입증했다고 쳐.

그럼 누나는? 누나는 아직 아무것도 보여준 게 없잖아? 누난 이번 사건을 계획한 장본인이니 이미 모든 걸 알고 있었고, 그러니 결국 누난 아직 아무런 능력도 증명하지 않은 거야. 우리가 어떻게 누나를 믿고 함께 수사를 할 수 있지?"

"조, 그건 걱정하지 않아도 돼!"

막스가 끼어들었다.

"내가 아만다에게 퀴즈 하나를 낼게. 말하자면 입단 시험이라고 할 수 있어. 이 문제를 풀면 아만다도 자신의 능력을 입증한 거니 탐정 클럽의 회원이 될 자격이 있는 거야, 모두들 동의하지? 자, 다섯 자리로 된 숫자 중 가장 작은 숫자는 얼마일까? 단, 이때 바로 이웃하는 숫자가 서로 연달아 나와서는 안 돼. 즉 1과 2가 연달아 나오거나 8과 7이 연달아 나와서는 안 된다는 거야! 또 각 숫자를 중복해 사용해서도 안 돼."

과연 막스가 말하는 조건을 충족시키는 숫자는 무엇일까?

'아무래도 인쇄할 때부터 문제가 있었던 것 같아.'

고민 끝에 내린 결론이었다. 다행히 엄마는 주사위가 네 개만 있어도 괜찮다고 하셨다.

그렇게 오전 시간이 빨리 흘러가더니 어느새 점심시간이었다. 마리와 막스는 미트볼 스파게티를 실컷 먹고 초콜릿 푸딩까지 한 접시 싹싹 해치운 뒤 자전거에 몸을 싣고 실러 가로 향했다. 하늘에는 구름이 잔뜩 끼어 있었다. 금방이라도 한바탕 쏟아질 것 같았지만, 실러 가는 비교적 가까운 편이니 자전거를 타면 금방 도착할 것 같았다.

하지만 출발한 지 얼마 되지 않아 그게 얼마나 큰 착각이었는지 깨달았다. 실러 가는 생각했던 것보다 멀었다. 모르겐슈테른 가에 도착하기까지 한참이 걸렸다. 실러 가는 모르겐슈테른 가에서 갈라지는 막다른 길이었다.

모르겐슈테른 거리의 집들의 번지수는 한쪽은 모두 홀수, 한쪽은 모두 짝수였다. 그중 145번지 집은 만약 번지수를 거꾸로 설정하였다면 번지수가 145가 아니라 77이 되었을 것이다. 그렇다면 모르겐슈테른 가에 번지수가 홀수인 집들은 모두 몇 채일까?

"대체 뭐가 어떻게 돌아가고 있는 거야?"

조가 한숨을 내쉬었다.

"뭐가 뭔지 모르겠기는 나도 마찬가지야!"

마리가 맞장구를 치면서 나무 위를 올려다보았다.

"아만다 언니, 대체 여기서 뭘 하고 있는 거야? 목걸이는 어디 있어? 난 정말이지 뭐가 뭔지 모르겠어. 막스 오빠, 오빠는 이 와중에 어떻게 그렇게 침착하게 바나나만 먹고 있을 수 있어? 오빤 전혀 놀라지 않은 것 같은데, 오빤 뭔가 알고 있는 거지, 그치?"

"아냐, 나도 아무것도 몰라."

막스가 말했다.

"대신 예전부터 의심은 들었어. 아무래도 뭔가 수상쩍더란 말이지. 하지만 확신이 설 때까지는 아무 말도 하고 싶지 않았을 뿐이야."

막스의 말에 아만다의 눈이 휘둥그레졌다.

"진짜야? 어떻게 의심을 할 수 있지? 내가 얼마나 조심했는데! 누가 너한테 뭘 알려준 건 아냐?"

"아만다, 제발 날 바보 취급하진 말아줘. 생각해봐, 내가 하루 종일 하는 게 뭐야? 수수께끼랑 수학 문제 푸는 거잖아? 그러다 보면 남들이 쉽게 놓치는 부분도 자동으로 눈에 들어온단 말씀이지!"

막스가 약간은 뻐기는 듯한 말투로 말했다.

"그럼 우린 뭐야? 우리도 이제 수학 문제 풀기라면 자신있다고!"

마리가 뾰로통한 목소리로 말했다.

"네 말이 옳아."

막스도 마리의 말에 동의했다.

"문제는 너희들이 처음부터 이 사건이 진짜 사건이라고 너무 쉽게 믿어버린 거지. 오직 사건을 해결해내고야 말겠다는 집념이 너무 강해서 앞뒤가 들어맞지 않는다는 사실을 미처 감지하지 못한 거야!"

"음, 형 말이 맞을 수도 있겠어. 우리가 너무 흥분한 나머지 세부적인 부분까지는 미처 생각하지 못한 거야."

조가 막스의 말에 동의했다.

“그런데 형은 언제부터 의심이 들기 시작했어?”

“내가 궁금한 것도 바로 그거야, 뭣 때문에 의심을 하기 시작했니?”

아직도 나무 위에 앉아 있던 아만다가 막스를 채근했다.

모두의 궁금증을 풀어주기 위해 막스가 입을 열었다.

“사물함에서 편지를 꺼낼 때부터 뭔가 이상했어. 우리는 손도 대지 못했는데 아만다는 그 어려운 글씨체를 단숨에 줄줄 읽어 내려갔잖아? 마치 내용을 이미 다 알고 있다는 듯 말이야. 나중에 다시 한 번 편지를 들여다봤는데, 정말이지 그 글씨체는 아무나 쉽게 읽을 수 있는 게 아니었어. 그 다음부터 수상쩍은 일들이 계속 발생했어. 두 번째 익명의 편지가 언제 도착했는지 잘 생각해봐. 우리가 모든 걸 포기하려던 바로 그때 도착했지? 그 때문에 난 그 익명의 제보자가 우리의 수사 진척 상황을 속속들이 알고 있다는 의심이 들었어. 그래서 사건을 처음부터 다시 한 번 머릿속에서 정리해봤어. 그런데 실러 가 주변에서 아만다를 본 적이 있다는 사실이 기억났어. 어느 노부인과 함께 산책을 하고 있었지. 그리고 그 목소리 말인데, 노이하우스 습지에서 두 사내가 나타났었잖아? 그중 한 명의 목소리는 분명 예전에 들은 적이 있는 목소리였어. 기억을 잘 되살려보니 누구 목소리인지도 알 것 같더라고. 아만다한테 전화를 걸었을 때 아만다의 오빠가 전화를 받아서 아만다는 나가고 없다고 말해준 적이 있거든. 두 사내 중 한 명은 분명 아만다 오빠의 목소리였어, 백퍼센트 확실해! 게다가 아만다 넌 오늘 뜬금없이 수사를 종결짓는 것보다 더 중요한 일이 있다고 말했지? 그래서 내 의심은 더더욱 굳어졌어. 그런데 아직도 이해가 되지 않는 부분이 있어. 도대체 어떻게 마리의 영국 펜팔 친구 커스티를 끌어들이고 목걸이를 정말로 사라지게 만들 수 있었지?"

막스의 말이 끝나자 아만다가 박수를 쳤다.

"우와, 막스, 정말이지 넌 천재야!"

아만다가 나무에서 내려오며 막스의 실력을 인정해주었다.

"그래, 분명 무슨 설명이 필요하겠지? 하지만 사건의 전말을 모두 다 털어놓기 전에 먼저 퀴즈를 하나 낼게. 이 문제의 정답을 알아맞히면 그때 모든 걸 다 말해주지!"

나머지 세 친구는 아만다의 제안이 결코 탐탁지 않았지만 아옹다옹 다툴 시간에 얼른 문제를 푸는 편이 훨씬 더 낫다고, 그런 다음 어서 아만다의 고백을 듣는 편이 낫겠다고 생각했다.

다섯 명의 도둑 일당이 금화를 훔치기로 결심했다. 무리 중 대장이 보석 보관실에 들어가 상자 안에 든 금화를 자루에 담는 동안 나머지 네 명은 망을 보기로 했다. 보석 보관실까지 가려면 정확히 네 개의 문을 통과해야 했는데, 각 문 앞에 한 명씩 보초를 서기로 한 것이었다. 그런데 금화를 자루에 담아서 나오는 대장에게 첫 번째 보초가 자루 속 금화의 절반을 내놓지 않으면 절대로 통과시켜 주지 않겠다고 협박했다. 두 번째 문에 서 있던 보초도 남은 금화 중 절반을 내놓지 않으면 통과할 수 없다며 으름장을 놓았다. 세 번째 도둑과 네 번째 도둑도 똑같은 말을 했다. 그렇게 계속 절반씩을 주고 나니 대장의 자루에 1000개의 금화가 남았다. 그렇다면 대장이 처음 자루에 담았던 금화는 모두 몇 개였을까?

막스는 조심스레 아만다가 말해 준 비밀번호를 조합해 상자를 열었다. 마리는 흥분을 감추지 못했다.

'이제 무슨 일이 벌어질까? 혹시 상자 안에 위험한 물건이라도 들어 있는 건 아닐까? 혹시 독을 내뿜는 두꺼비가 갑자기 튀어 올라 내 얼굴에 들러붙는 건 아닐까? 만약 상자 안에 값비싼 반지라도 들어 있으면 어떡하지? 잠깐, 혹시 상자 안이 텅텅 비어 있으면 어쩌지? 누군가 우릴 놀리려고 터무니없는 장난을 친 건 아닐까?'

아만다가 조심스레 뚜껑을 제쳤다. 다행히 징그러운 무언가가 튀어나오지는 않았다. 대신 상자 안에 든 물건은 상자의 크기에 비해 턱없이 작았다.

"뭐야, 평범한 열쇠잖아."

실망한 마리는 고개를 숙였다.

"달랑 열쇠 하나뿐이잖아."

"이걸로 뭘 열라는 걸까?"

막스가 고민에 빠졌다.

"잠깐, 여기 '048'이라는 숫자가 적혀 있어. 아마도 은행 개인금고나 사서함 번호겠지?"

"앗, 그럼 우리가 해야 할 일이 분명해졌네!"

언제 실망했냐는 듯 마리가 흥분해서 말했다.

"오빠랑 아만다 언니는 우체국으로 가서 사서함들의 열쇠 구멍이 어떤 모양인지 살펴 봐. 나랑 조는 중앙역 048번 사물함을 이 열쇠로 열 수 있는지 확인해 볼게."

"그럴 순 없어! 열쇠는 아만다랑 내가 가져갈 거야!"

"안 돼, 오빠. 그런 식으로 오빠가 내 사건을 가로챌 수는 없어."

마리가 으르렁거렸다. 오빠와 동생 사이에 한바탕 설전이 벌어지기 직전, 아만다가 중재에 나섰다.

"그렇게 싸우지 말고 정정당당하게 시합을 하는 건 어때? 이기는 사람이 열쇠를 갖는 거야! 시합이라 해서 대단한 건 아냐. 1부터 50 사이의 소수素數들을 전부 다 적기만 하면 돼. 물론 열쇠는 그 모든 숫자들을 제일 먼저 적는 사람의 차지가 되겠지?"

"좋아!"

마리가 신이 나서 소리쳤다. 소수라면 자신 있었다. 바로 지난해에 학교에서 배운 거고, 정말 재미있었던 주제였기 때문에 반드시 오빠를 이길 자신이 있었던 것이다.

마리, 조 그리고 막스와는 달리 독자들은 시간적 압박에 시달릴 필요는 없다. 천천히 생각나는 대로 1부터 50 사이의 소수를 모두 다 적기만 하면 된다. 대신 공정성을 기하는 차원에서 독자들에게는 한 가지 숙제를 더 내주려 한다. 그 추가 숙제란 바로 1부터 50 사이의 소수가 몇 개인지도 세어 보라는 것이고, 그것이 바로 이 문제의 정답이다!

케이크를 깡그리 먹어치울 기세이던 막스였지만 두 조각을 먹은 뒤엔 느끼해서 더 이상 못 먹겠다며 항복했다. 매년 그래 왔듯 올해도 엄마는 케이크를 구울 때 크림을 듬뿍 얹었는데 크림 때문에 생각보다 많이 먹을 수 없었던 것이다.

아침 식사를 끝내고 나니 마리는 딱히 할 일이 떠오르지 않았다. 12시에 조가 오기로 했는데 그때까지 아직도 시간이 많이 남아 있었다.

'조가 오면 피자를 주문해야지! 그런데 아직 시간이 너무 많이 남았잖아!'

마리는 정말이지 기다리는 게 죽기보다 싫었다.

'컴퓨터 게임이나 하고 있을까? 게임을 하다 보면 금방 12시가 될 거야!'

하지만 마리는 금방 시무룩해졌다. 자신의 컴퓨터를 수리 센터에 맡겼고, 컴퓨터를 다시 쓰려면 내일까지 기다려야 한다는 사실이 그제야 떠올랐던 것이다. 그렇다고 혼자 정원에 나가 공을 차며 조를 기다리고 싶지는 않았다. 그러던 차에 갑자기 좋은 생각이 떠올랐다. 마리는 그길로 곧장 오빠 방으로 올라갔다. 오빠는 늘 그렇듯 책상 앞에 앉아 컴퓨터 자판을 두드리고 있었다.

"오빠, 혹시 나한테 낼 만한 수수께끼 같은 거 없어? 심심해

죽겠단 말이야."

마리가 평소와는 다르게 애교 섞인 콧소리로 말을 걸었다.

"너 진짜 심심한가 보구나. 정말 심심할 때 아니면 나한테 수수께끼를 내달라고 말한 적이 없잖아."

막스가 실실 웃으며 말했다.

"내 수수께끼 공책들이 어디에 있는지 너도 알지? 직접 하나를 골라서 골머리 좀 앓아 보시지!"

막스의 거대한 책장은 수학 책과 수수께끼 책, 기타 등등 마리로서는 당최 이해가 되지 않는 책들로 가득했다. 그 앞에서 마리는 무엇을 선택하면 좋을지 고민에 빠졌다. 결국 마리는 '추리 퀴즈'라는 제목의 책을 골랐다.

'흠, 그런데 1시간 뒤면 다시 점심을 먹어야 하잖아? 엄마 혼자 점심을 준비하느라 너무 바쁘시진 않을까? 좋아, 딱 한 문제만 풀고 엄마를 도와드려야지!'

생일을 맞아 특별히 더 착해진 마리가 기특한 결심을 했다. 갸륵한 마음 덕분인지 문제도 술술 풀렸다.

어느 날 신분이 높은 귀부인이 살해되었다. 해당 사건을 담당한 경시청의 경감은 세 명의 용의자를 염두에 두고 있었다. 정원사와 하녀 그리고 요리사가 그 주인공들이었다. 경감의 머릿속에는 네 가지 생각이 떠올랐는데, 그중 한 개만이 진실이었다. 어떻게 하면 경감의 머릿속에 떠오른 아래 네 가지 추리 중 무엇이 진실인지 밝혀낼 수 있을까?

1) 범인은 정원사이다.
2) 요리사는 분명 범인이 아니다.
3) 하녀가 범인이다.
4) 하녀는 범인이 아니다.

참고로 이 문제에서 만약 요리사가 범인이라면 정답은 346이 된다. 하녀가 범인이라면 정답은 787, 정원사가 범인이라면 정답은 654이다.

다음 날 아침, 세 친구는 꽤 늦은 시각까지 잠에 취해 있었다. 해가 중천에 뜰 무렵 겨우 일어난 친구들은 늦은 아침 식사를 마친 뒤 드디어 의문의 상자를 자세히 살펴봤다.

매우 오래된 것처럼 보이는, 그래서 아주 낡은 상자였다. 거기에는 톱니를 돌려 숫자를 조합하는 방식의 자물쇠가 채워져 있었다. 상자 뚜껑 위에 채워져 있는 자물쇠에는 톱니가 총 여덟 개 있었는데, 각 칸의 톱니들은 모두 1-8까지의 숫자를 다양하게 조절할 수 있게 되어 있었다.

조가 몇 번 시도를 해봤지만 모두 다 헛수고로 돌아가자 형인 막스가 나섰다.

"분명 어떤 규칙이 있을 거야! 내가 나중에 집에 가서 그 규칙을 한 번 찾아볼게. 조, 마리랑 난 집에 가 봐야 해. 벌써 12시가 다 되었거든. 우리가 너무 늦게 일어난 거지. 엄마가 무척 걱정하고 계실 거야!"

마리와 막스는 조와 조의 부모님께 인사를 하고 얼른 집으로 향했다. 집에 도착하니 엄마는 점심식사를 준비 중이셨다. 그런데 엄마가 크림이 떨어졌다며 마리에게 슈퍼마켓에 가서 사오라고 하셨다.

마리는 투덜거리며 마지못해 다시 집 밖을 나섰다. 오늘따라 계산대 앞에는 사람이 더 많았다. 그 모든 난관을 뚫고 마리가 드디어 다시 집에 도착하자 막스가 활짝 웃는 얼굴로 마리를 맞이했다.

"어떻게 하면 상자를 열 수 있는지 알아냈어! 아만다가 가르쳐줬거든. 흠, 응……, 맞아, 내가 아만다한테도 이 일에 대해 알려줬어."

마리는 자신의 귀를 의심했고, 화가 나서 돌아버릴 지경이었다. 너무 화가 난 마리는 한 마디도 내뱉지 않은 채 곧장 자기 방으로 간 뒤 침대 위에 몸을 던지고서는 엉엉 울었다.

'내가 아만다 언니를 별로 안 좋아하는 걸 뻔히 알면서 오빤 어떻게 나한테 한 마디 상의도 없이 이렇게 중요한 문제를 아만다 언니한테 말해버릴 수 있지?! 도대체 어떻게 그럴 수 있냐고!'

서운한 마음에 눈물이 펑펑 쏟아졌고, 이 사건에서 그만 손을 떼고 싶은 마음마저 들었다.

'쳇, 그래 좋아, 아만다 언니랑 둘이서 어디 한 번 잘 풀어 보라고!'

마리는 누가 달래도 절대로 마음을 풀지 않을 만큼 막스에게 삐칠 대로 삐쳤다. 엄마조차도 마리를 설득해서 점심을 먹게 만들 수 없었다.

하지만 미안한 마음이 든 막스가 진심으로 사과하자 마리의 마음은 조금씩 누그러졌고, 결국 점심을 먹은 뒤 아만다와 함께 상자를 열어 보자는 제의에 동의했다. 아만다의 도움이 없었다면 상자를 못 열었을 거라는 사실을 마리도 깨달은 것이다.

상자 위에 달려 있는 톱니식 자물쇠의 작동 방식은 바로 1-8까지의 숫자들 중 연속되는 숫자 두 개가 서로 붙어 있을 수는 없다는 것이었다. 하지만 그 조건을 만족시키는 정답은 단 한 개가 아니었다. 어쨌든 아만다는 그 문제를 훌륭하게 풀어냈다. 독자들의 숙제는 여러 가지 가능성들 중 최소한 두 개 이상을 찾아내라는 것이다. 그런 다음에는 120쪽으로 이동하기 바란다.

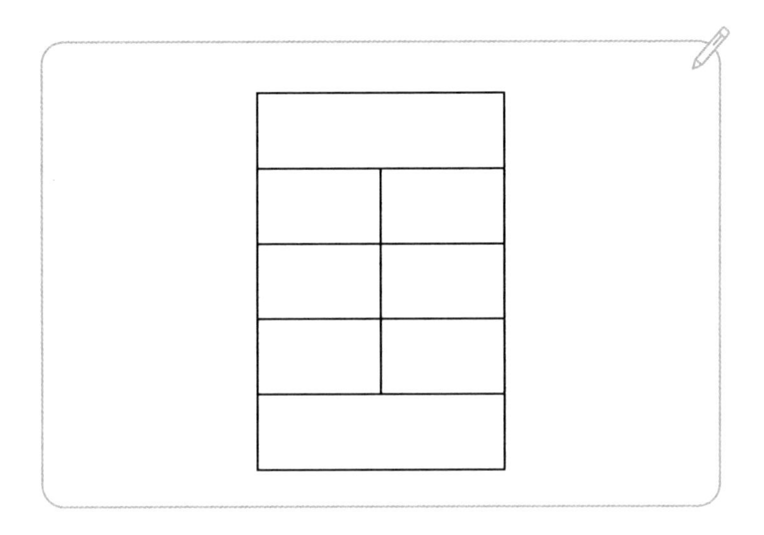

'어휴, 여기까지 와서도 또 수학 문제라니!'

조는 절망적인 심정이었다. 긴장할 필요가 전혀 없는 상태에서 자신의 할머니가 내는 문제도 잘 풀지 못하는데, 지금은 상황이 상황이니만큼 더더욱 난감한 기분이 들었다. 조는 반드시 그 정보들을 손에 넣어야만 했다. 마리와 막스 형 그리고 아만다 누나의 기대를 저버릴 수는 없었다!

조는 숨을 한 번 깊이 들이쉬고는 문제를 풀기 시작했다. 시간이 지나면서 조의 불안감은 누그러졌다. 숫자들을 끄적이고 머리를 이리저리 굴리다 보니 정답이 눈에 들어온 것이다. 조는 노부인이 알려준 정보들을 메모하고, 거기에서 여러 가지 사실들을 추리해냈다. 그리고 10분 뒤, 결국 정답을 알아내는 데에 성공했다.

그렇다, 분명 까다로운 문제였는데, 그 문제를 당당하게 풀어낸 것이다! 노부인 역시 기쁨을 감추지 못했다.

"정말 고마워요!"

노부인이 만면에 웃음을 가득 띠며 말했다.

"이제 내가 그쪽에서 원하는 정보를 제공할 차례군. 사실 정보랄 것도 없어. 소포를 찾아간 사람의 얼굴은 기억도 나지 않아. 밖이 많이 깜깜했거든. 남자였다는 것밖에 모르겠어. 소포에 대해서도 기억나는 게 그다지 많진 않은데, 사이즈는 크지 않았어. 한참을 이 자리에 놔뒀었는데, 그저께 그 사람이 찾아간 거야. 이게 내가 아는 전부야."

노부인의 말마따나 빈약하기 짝이 없는 정보였다. 그것만으로는 알아낼 수 있는 게 아무것도 없었다. 절박한 심정으로 조는 노부인을 재촉했다.

"잘 생각해보세요. 분명 뭔가가 떠오를 거예요!"

"흠, 가만있어 보자, 한 번 생각해볼게……. 맞아, 박스에 '항공우편'이라는 스티커가 붙어 있었어. 비행기 편으로 배달된 소포였다는 말이야. 아참, 호기심에 발신인이 누구인지도 슬쩍 훔쳐봤는데……, 아, 이름이 왜 기억이 안 나지……."

"제발요, 제발 기억을 잘 떠올려 보세요!"

조가 애원하다시피 했다.

"저한텐 그 이름이 반드시 필요하단 말이에요!"

"잠깐 기다려봐. 내 기억이 맞는다면 그 소포는 영국의 윈터빌리지에서 온 것이었어. 아, 아니, 그게 아니라……."

노부인이 다시 생각에 잠겼다.

"아, 기억났어! 발신인의 이름은 그레고리……, 그레고리 다음에 뭐더라……, 아, 맞아! 그레고리 밀러-그린버그였어. 주소지는 윈터빌리지가 아니라 윈터타운이었고. 정말이지 그게 내가 아는 전부야. 더 이상은 아무리 애를 써도 떠오르지 않아.

자, 이제 그만 가 봐. 이따가 친구들과 브리지 게임을 하기로 했거든."

조는 흡족한 표정으로 노부인에게 인사를 건넸다.

"감사합니다. 정말 많은 도움이 되었어요. 그 정도 정보면 아마 우리 힘으로 더 많은 것들을 알아낼 수 있을 듯합니다. 그럼, 안녕히 계세요!"

'이 정도면 소득이 꽤 큰 거야. 새로운 정보들을 많이 입수했잖아?'

조는 스스로 뿌듯한 마음을 감추지 못했다. 문제는 그 정보들을 얻기까지 시간이 너무 많이 걸렸다는 것이다.

바깥에서 조가 나오기만을 기다리고 있던 세 친구들은 지루함을 날리기 위해 또 다른 퀴즈를 풀고 있었다.

특정 액수의 돈이 눈앞에 있다고 가정해 보자. 먼저 그 돈의 $\frac{1}{3}$과 $\frac{1}{5}$을 합한 값의 $\frac{1}{4}$과 전체 액수에서 그 돈의 $\frac{1}{3}$과 $\frac{1}{5}$을 합한 값을 뺀 값의 $\frac{1}{2}$을 더하면 231유로가 된다고 한다. 그렇다면 처음에 있었던 전체 금액은 얼마였을까?

커스티는 그날 오후 이메일을 확인하다가 깜짝 놀랐다. 마리가 이렇게 빨리 답장을 보내는 일이 잘 없었기 때문이다. 분명 뭔가 중요한 전달 사항이 있는 게 틀림없었다.

'와, 어쩌면 내가 사건 해결에 도움이 될 가능성이 아직 남아 있는지도 몰라!'

마리의 메일을 확인한 즉시 커스티는 오늘 있을 합창부 연습을 빼먹고 박물관에 가기로 결심했다. 하지만 그 전에 설거지부터 해야 했다. 커스티는 주방으로 달려가 몇 분 만에 설거지를 끝냈다.

'합창부 연습에 가지 않은 걸 알면 엄마가 엄청 화를 내시겠지? 그래도 할 수 없어. 이 일이 더 중요하니까!'

커스티는 오늘은 지난번과 다른 전략을 짰다. 출발하기 전에 미리 인터넷 검색을 해 보기로 결심한 것이다. 하지만 아쉽게도 인터넷에는 윈터타운 박물관에서 일어난 도난 사건에 대해서는 한 마디도 나오지 않았다.

'할 수 없지 뭐. 필요하다면 옛날 방식대로 사건을 수사하는 수밖에!'

커스티는 아래층으로 내려가 엄마의 동정을 살폈다. 엄마는 엄마의 조카, 그러니까 커스티의 사촌 동생에게 줄 모빌을 만들고 있었다. 다음 주가 사촌 동생의 생일이어서 그날 줄 선물을 미리 준비하고 있는 것이었다. 이미 소형 모빌 두 개를 완성한 상태였다.

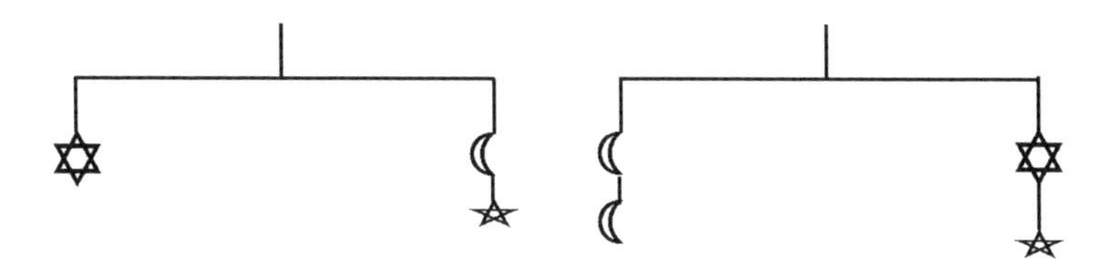

엄마는 계속해 이미 만들어 놓은 두 개보다 조금 더 긴 모빌을 만들었다. 엄마의 작업 진행 상황은 아래 그림과 같았다.

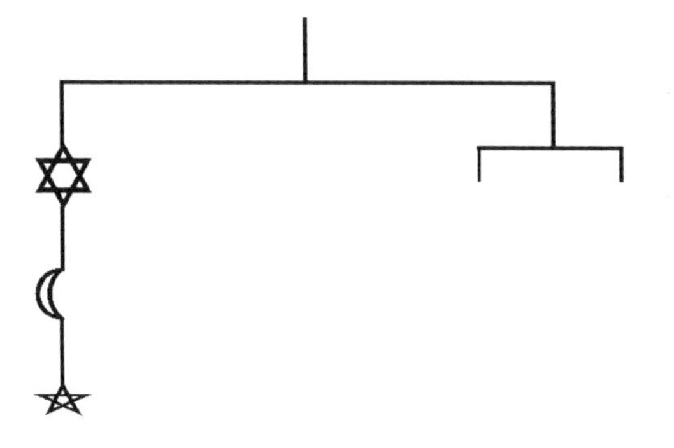

엄마가 지금 막 제작 중인 모빌이 균형을 유지하려면 오른쪽에 어떤 모양들을 매달아야 할까? 엄마 앞에 놓여 있는 재료는 달 모양 조각 한 개와 별 모양 조각 일곱 개다. 만약 달 모양 조각을 사용할 경우 몇 개의 별이 필요할까? 달 모양을 사용하지 않을 경우에는 몇 개의 달이 필요할까? 그 두 가지 답을 더한 것이 바로 이 문제의 정답이다!

처음 두 줄은 쉽게 풀 수 있었다. 하지만 세 번째 줄은 마리와 조의 힘만으로는 도저히 풀 수 없을 듯했다. 오후 내내 들여다보고 또 들여다봤고, 가능한 모든 숫자들을 다 대입해봤지만 정답은 멀게만 느껴졌다.

"이제 우리한테 남은 방법은 하나밖에 없어."

마리가 푸념 섞인 말투로 말했다.

"나도 정말 하기 싫은 일이지만, 막스 오빠한테 도움을 청하는 수밖에 없는 것 같아. 막스 오빠라면 분명 이 문제를 풀 수 있을 거야."

"막스 형이 이 문제를 풀 수 있는 건 사실이지만 과연 형이 우릴 도와주려 할까?"

조의 목소리 역시 풀이 죽어 있었다.

"그거야 두고 보면 알겠지. 근데 아만다 언니가 오빠 옆에 있을 때 물어보긴 싫어. 언니가 가고 나면 물어볼 거야. 그때까지 뭘 하며 기다리지? 공이나 찰까?"

마리의 말이 떨어지기가 무섭게 두 친구는 밖으로 나갔다. 선물 받은 공을 드디어 시험해볼 수 있게 되어 마리는 기쁘기 짝이 없었다. 결과는 대만족이었다! 마리는 연달아 골을 터뜨리며 골키퍼 역할을 맡고 있던 조를 절망에 빠뜨렸다.

그렇게 한동안 공놀이를 하던 마리와 조는 지쳐서 집 안으로 다시 들어왔다. 하지만 아직도 아만다 언니는 막스 오빠와 함께 무언가를 하고 있었다.

마리와 조는 할 수 없이 거실에 앉아 TV를 보기 시작했다. 그런 다음에는 '내일은 과연 어떤 일이 벌어질까?'를 상상하며 두근거리는 마음으로 잠자리에 들었다.

다음 날 아침 식사를 끝낸 뒤 마리의 '대고백'이 시작되었다. 마리는 오빠를 향해 배시시 웃으며 문제를 내밀었다. 최대한 애교를 부리며 제발 이 문제 하나만 좀 풀어달라고 부탁도 했다.

하지만 막스는 그런 얄팍한 수법에 재깍 넘어갈 만큼 만만한 상대가 아니었다. 마리가 평소와 다른 태도를 보이는 순간, 막스는 이미 수상한 낌새를 알아차렸다.

"네가 언제부터 수학 문제에 관심을 가졌지? 아무래도 뭔가 수상해. 물론 이 문제는 나한텐 식은 죽 먹기야. 하지만 그렇다고 쉽게 알려주겠다는 뜻은 절대 아니야. 자, 어여쁜 내 동생! 대체 무슨 꿍꿍이인지 어서 털어놓으시지!"

마리는 잠시 망설였지만 선택의 여지가 없었다. 마음 같아서는 가장 가까운 친구인 조 이외에는 누구에게도 그 사실을 털어놓고 싶지 않았지만, 너무 궁금했기에 결국에는 오빠한테도 익명의 편지에 대해 이야기해주는 수밖에 없었다.

막스는 마리가 내민 편지를 찬찬히 읽은 뒤 한 가지 제안을

* 선행하는 두 개의 항의 합이 그 다음 숫자가 되는 특수한 수열(역자주)

했다.

"좋아, 내가 이 문제를 풀어줄게. 대신 노이하우스 습지에 나도 데려가줘. 이렇게 재미있는 일이라면 나도 결코 놓치고 싶진 않거든!"

마리는 오빠의 제안이 탐탁지 않아서 못 견딜 지경이었지만, 이번에도 선택의 여지는 없었다. 오빠가 도와주지 않는다면 참나무에서 몇 걸음 떨어진 곳으로 가야 할지 알아낼 방법이 없었기 때문이다.

"휴, 좋아, 알았어, 그렇게 할게. 오빠도 동참하는 걸로 하자. 오빠의 수학 실력이 분명 도움이 되겠지……."

"좋았어!"

막스가 환호성을 질렀다.

"자, 그럼 답이 뭔지 알려줄게. 너희들 혹시 '피보나치수열 Fibonacci sequence*'이라는 말, 들어본 적 있니?"

혹시 피보나치수열에 대해 들어본 적이 없다 하더라도 나머지 네 칸을 채울 수 있다. 앞선 두 숫자를 더하면 세 번째 숫자가 된다는 것이 바로 이 문제를 푸는 열쇠이다 (주어진 피보나치수열을 더한 값과 9A의 답을 더하면 된다)!

1, 1, 2, 3, 5, 8, 13, _____, _____, _____, _____

_____ + _____ = _____

막스는 그야말로 눈 깜짝할 사이에 해답을 찾은 뒤 친절하게도 조와 마리에게 정답을 구하는 과정도 간략하게 설명해주었다. 이후 조는 할머니에게 정답을 알려드렸고, 이제나저제나 하고 손자의 연락만 기다리고 있던 할머니는 기쁨을 감추지 못하며 몇 번이나 고맙다고 말씀하셨다.

이제 모든 문제를 해결한 만큼 습지를 향해 출발만 하면 되었다. 하지만 잠깐! 우선은 각종 장비들부터 갖추어야 했다. 막스와 마리도 쌍안경, 손전등, 휴대폰 등 집에서 몇 가지 준비물을 챙겨왔다. 혹시나 해서 마리의 새총까지도 챙겨왔다. 막스는 계산기를 가방에 넣었고, 조는 담요 한 장과 공책 한 권 그리고 카메라를 배낭에 쑤셔 넣었다. 세 친구는 그야말로 모든 상황에 대비할 작정이었던 것이다. 심지어 비상식량을 챙길까도 생각했다. 숲 속에서 얼마나 대기해

야 할지 알 수 없었기 때문이다.

마지막으로 세 친구는 쇤호프 및 그 주변의 지형을 알려주는 지도 한 장을 챙겨 넣었다. 물론 노이하우스 습지도 포함된 지도였다. 자, 이제 출발이다!

세 친구가 챙긴 지도의 축적은 1:35,000이었다. 조의 집이 있는 쇤호프에서 노이하우스 습지까지는 지도상으로 17cm였다. 그렇다면 1분당 350m씩 이동한다고 가정했을 때 조네 집에서 노이하우스 습지까지 가려면 몇 분이 소요될까?

그날 저녁 7시, 마리는 이메일을 확인하기 위해 컴퓨터 앞에 앉았다. 단짝 조도 마리 옆에 바싹 붙어 있었다.

"오예, 커스티한테서 답장이 왔어!"

"이렇게 빨리? 우와!"

조도 놀라움을 금치 못했다.

"얼른 막스 형이랑 아만다 누나를 불러올게. 설마 방해하지 말라며 화를 내는 건 아니겠지?"

막스와 아만다가 화를 낼 리는 만무했다. 이메일이 도착했다는 소식에 둘 다 한걸음에 마리의 방으로 달려와 뚫어지듯 모니터를 바라보았다. 네 친구의 머릿속에는 똑같은 생각이 스쳐갔다.

'커스티는 과연 무엇을 알아냈을까? 그 정보가 과연 수사를 진전시킬 수 있을까?'

두근거리는 마음을 애써 진정시키며 마리가 커스티의 메일을 열었고, 모두들 한 글자도 놓치지 않으려는 듯 눈에 불을 켜고 모니터 속 글씨들을 읽어 내려갔다.

그 다음에 어떤 일이 벌어졌는지는 아마 독자들도 쉽게 상상할 수 있을 것이다. 모두들 기운이 빠지고 시무룩해져버린 것이다. 마리는 그길로 곧장 침대로 뛰어들어 엉엉 울었다. 그만큼 실망이 컸던 것이다. 조도 "난 그만 집에 가 볼게!"라고

통명스럽게 한 마디 내뱉은 뒤 바람처럼 사라져버렸다. 막스 역시 뭔가 좋지 않은 말을 웅얼거리며 문을 쾅 닫고 자기 방으로 가버렸다. 그 상황에서 그나마 침착을 유지한 건 아만다뿐이었다.

"마리야, 너무 실망하지 말고 내 이야기 좀 들어봐."

아만다가 마리를 위로하려 했다.

하지만 마리는 아만다 쪽으로 베개를 냅다 던지며 어설픈 말로 자기를 위로하려 들지 말라고 소리쳤다.

할 수 없이 아만다는 다시 막스 방으로 갔다. 커스티의 이메일을 읽기 직전까지 두 친구는 수학 문제를 풀고 있었는데, 막스가 분명 다시 그 문제를 풀고 있을 거라는 생각이 들었다. 원래 막스는 기분전환을 하고 싶을 때면 수학 문제를 풀곤 했다.

방에 가 보니 아니나다를까 막스는 책상 앞에서 무언가를 끄적이고 있었다. 아만다는 막스와 함께 문제를 다 푼 다음 집으로 돌아갔다.

$\overline{AE}$의 길이가 4m이고 $\overline{AB}=\overline{CE}=110$cm라면, 나아가 $\overline{AD}=\overline{AE}$의 $\frac{7}{10}$이라면 점 B, 점 C, 점 D는 과연 점 A와 점 E 사이에 어떤 순서로 늘어서 있을까?

만약 BCD 순이라면 이 문제의 정답은 16, BDC가 옳다면 26, CBD라면 36, CDB라면 46, DBC라면 56, DCB라면 66이 된다.

아만다는 거침없이 문제를 풀었고, 정답을 맞혔다.

"좋아요, 아만다 씨, 당신은 우리의 시험을 훌륭하게 통과하셨습니다!"

막스가 농담을 했다.

막스가 말을 마치자마자 네 친구는 다시 허겁지겁 음식들을 먹어 치우기 시작했고, 결국 모든 접시와 그릇을 깨끗이 비웠다. 마지막으로 네 친구는 음료수가 든 잔을 높이 치켜들고 새로 결성된 탐정 클럽의 번영을 기원하며 건배를 했다.

"잠깐! 우리가 깜박한 게 한 가지 있어!"

마리가 눈을 동그랗게 뜨며 말했다.

"아직 클럽 이름을 정하지 않았잖아!"

"네 말이 맞아."

아만다가 동의했다.

"무슨 좋은 아이디어 없어?"

"흐, '2MAJ'는 어때?"

조가 제안했다.

"내가 생각해도 좀 괜찮은 이름 같아. 2M은 막스Max와 마리Marie의 첫 글자를 딴 거고, A는 아만다Amanda, J는 바로 이 몸, 즉 조Jo의 첫 글자에서 온 거야."

모두가 조의 의견에 찬성하면서 드디어 '2MAJ 클럽'이 탄생되었다. 이제 진짜 사건을 수사할 모든 준비가 갖춰진 것이었다!

이제부터는 마을이나 학교에서 벌어지는 일들을 수학으로 멋지게 풀어갈 생각을 하니 앞으로 일어날 흥미진진한 사건들에 대한 기대감으로 마음이 부풀어올랐다.

수수께끼를 다 푼 뒤 커스티는 그 다음 책을 집어들었다. 18세기가 배경인 추리소설이었다.

두 시간 동안 커스티는 시간 가는 줄도 모르고 소설 속에 빠져들었다. 책을 읽는 내내 세찬 빗방울이 지붕에 난 창을 끊임없이 두드렸다. 그러거나 말거나 커스티는 책에만 집중했다. 정말이지 흥미진진한 책이어서 손에서 놓기가 싫을 정도였다. 하지만 시간이 지나면서 점차 빗줄기가 잦아들었고, 결국에는 완전히 멈추었다.

'이제 버처 가에 가볼까?'

언제 다시 비가 쏟아질지 모르니 커스티는 만일을 대비해 비옷과 우산을 챙겼다.

바깥에는 이미 땅거미가 지고 있었다. 비가 그치면서 구름 사이로 약간의 햇빛도 비치는 듯했다. 우산을 괜히 챙겨왔다는 후회가 들 정도였다.

요즘처럼 날씨가 변덕을 부릴 때면 부모님과 함께 떠났던 지난 번 휴가 여행이 떠올랐다. 어느 외딴 섬이었는데, 정말이지 날씨가 이상했다. 매주 월요일과 수요일엔 천둥번개를 동반한 폭우가 퍼부었고, 토요일에도 비가 내렸다. 하지만 나머지 요일들은 거짓말처럼 화창했다.

커스티네 가족은 그 섬에서 23일 동안 휴가를 보냈다. 어느 요일에 출발했더라면 화창한 날씨를 가장 많이 즐길 수 있었을까?

최적의 출발일이 월요일이라면 이 문제의 정답은 91, 화요일은 92, 수요일은 93, 목요일은 94, 금요일은 95, 토요일은 96, 일요일이면 97이 된다.

세 친구는 눈 깜짝할 사이에 문제를 풀었다. 그간 열심히 수학 퀴즈를 푼 덕분이었다.

"흠, 정답을 알아맞혔으니 이제 내가 약속을 지킬 차례네."

아만다는 숨을 깊이 한 번 들이쉬더니 대고백을 시작했다.

"첫 번째 익명의 편지는 마리의 생일날 아침에 써서 너희 집 우편함에 던져 넣었어. 너희 엄마한테 거의 들킬 뻔했는데 쓰레기통 뒤에 몸을 숨겨서 위기를 피할 수 있었지. 난 편지를 읽고 나면 마리가 분명 노이하우스 습지에 갈 거라 믿었어. 총명하고 호기심이 많아서 도저히 안 가고는 못 배길 거라 생각한 거야. 막스한테 그 사건에 관해 이야기할 것도 짐작할 수 있었어. 편지에 제시한 문제들 중 세 번째 줄은 마리 혼자서는 도저히 못 풀 것 같았거든. 막스가 그 사건에 대해 나한테 털어놓는 것도 시간문제였어. 분명 나한테도 말해줄 거라 믿었어. 자, 그럼 그 사건은 어떻게 된 거냐……, 흠, 막스 말이 맞아. 노이하우스 습지에 갔던 두 남자 중 한 명은 우리 오빠야. 다른 한 명은 오빠의 친구이고. 난 오빠와 오빠 친구한테 상자를 그 위치에 묻어달라고 부탁했어. 사물함 속 편지에 쓸 말들도 오빠들과 함께 고심한 끝에 작성한 거야. 참, 그 중앙역 사물함은 우리 엄마 걸 빌렸어. 다행히 엄마가 흔쾌히 열쇠를 빌려주시더라? 사실 엄만 그 사물함을 잘 사용하지도 않으면서 그냥 갖고만 계신 거야."

"그럼 글씨체는 어떻게 된 거야?"

조가 물었다.

"그건 우리 할머니가 쓰신 거야. 내가 내용을 불러주면 할머니가 그대로 받아쓰신 거지. 그러니 당연히 그 편지를 그렇게 쉽게 읽을 수 있었겠지? 사실 그때 좀 더 주의를 기울여야 했어. 내가 너무 쉽게 줄줄 읽어내려가면 너희들이 의심할 수 있는데, 거기까진 미처 생각하지 못했어. 근데 그거 알아? 그 편지를 쓸 때 내가 할머니한테 특별히 더 또박또박 써 달라고 부탁했다는 거 말이야. 하지만 할머니로서는 최선을 다한 게 그거야. 참, 조, 너는 우리 할머니, 잘 알지? 몇 번 '접선'했잖아? 할머니께서 널 만나면 잔디를 깔끔하게 정리해줘서 고맙다고 꼭 전해달라셨어. 다음 주에 꼭 할머니 집에 들러서 케이크도 먹고 가라고 하셨고. 아, 맞아, 이번에 오면 커피 대신 코코아를 대접하겠대."

일그러진 표정의 조를 보며 아만다가 눈을 한 번 찡긋했다.

"막스, 넌 아마 할머니와 내가 함께 산책을 하는 모습을 목격했나 봐."

아만다가 계속 말을 이었다.

"난 할머니한테 정확히 어떤 정보는 알려주고 어떤 정보는 알려주면 안 되는지 말해드렸어. 할머니도 이번 게임에 적극 참여하셨지. 원래 우리 할머니가 이런 게임을 굉장히 좋아하시거든. 그래서 오늘로써 수사가 마감된다고 말씀드리자 실망이 이만저만이 아니셨어."

"그럼 윈터타운과 그 목걸이 얘긴 어떻게 된 거야?"

마리가 물었다. 조와 막스도 그 부분이 제일 궁금했다.

"음, 나로서도 그 부분이 제일 힘들었어. 그야말로 심혈을 기울였다고나 할까? 우선, 목걸이는 제자리에 얌전히 놓여 있으니 걱정하지 않아도 된다는 것부터 알려줄게. 많고 많은 도시 중 윈터타운을 선택한 건 막스 때문이었어. 언젠가 막스가 내게 말해준 적이 있거든, 마리가 윈터타운에 사는 어떤 여자애랑 이메일을 교환하고 있다고 말이야. 사건을 국외로까지 확대하면 일이 더 재미있어질 것 같았어. 게다가 우연히도 우리 삼촌도 윈터타운에 살고 있지! 나도 윈터타운에 몇 번 가 본 적이 있어. 삼촌을 방문하러 말이야. 그곳에서 그레고리 밀러-그린버그의 이름이 적힌 작은 안내판을 볼 때마다 뭔가 신비롭다는 느낌이 들었어. 그래서 이번 사건에 반드시 그 표지판을 끌어들이고 싶었어. 그런데 어느 날 갑자기 너희들이 모든 걸 포기하려 했지. 나로선 어떻게든 그 사태를 막아야 했어. 목걸이 이야기가 담긴 두 번째 익명의 편지를 보낸 것도 그런 이유에서였어. 사실 그것도 꽤 아슬아슬했어. 실제로 너희 모두

가 뭔가 이상하다며 전부 다 때려치우자고 했었지, 그치? 다행히 너희는 포기하지 않고 수사를 계속 이어나가기로 결정해주었지. 삼촌이 윈터타운 박물관 관장님이시니 목걸이를 사라지게 만드는 건 식은죽 먹기였어. 목걸이를 잠깐 다른 데로 치웠다가 다시 제자리로 갖다 놓아달라고 부탁드린 거야. 다행히 목걸이가 잠시 사라졌다는 사실을 목격한 사람은 커스티뿐이었어."

"우와!"

조가 감탄사를 내뱉었다.

"누나, 정말 모든 걸 치밀하게 계획했구나! 그러니 우리가 속아 넘어갈 수밖에 없었겠지……. 그런데, 그럼 게브링거 공장은 어떻게 된 거야? 혹시나 누구한테 들키면 어쩌려고 했어? 잘못하면 진짜로 경찰서에 잡혀갈 수도 있었잖아?"

"그것도 간단했어. 우리 오빠가 그 회사에 다니고 있거든. 오빤 그날 밤 우리가 몰래 잠입할 거란 사실을 사장님께 미리 말씀드렸어. 그러니 만약 누군가에게 발각되었다 하더라도 경찰에 연행되는 사태는 일어나지 않았을 거야. 게브링거 공장은 정말이지 완벽한 장소였어. 외딴 곳에 있는 낡은 건물에 여기저기 널브러져 있는 잡동사니들……, 그야말로 음산한 분위기를 연출하기엔 딱이었어! 만약 그 공장 안에 들어왔던 사내가 우리 오빠와 오빠 친구라는 사실을 몰랐너라면 아마 나도 겁이 나서 덜덜 떨었을 거야. 그런 의미에서 너희들의 용기에 박수를 보내고 싶어, 짝짝짝! 그 후 난 사건 해결이 코앞으로 다가오고 있다는 걸 느꼈어. 그래서 너희들을 이 오솔길로 불러서 모든 걸 말해주기로 결심했어. 그런데 어젯밤에 갑자기 피크닉 런치를 준비하면 어떨까 싶은 생각이 들었어. 풀밭 위에서 점심 식사를 즐기기에 이곳은 완벽한 장소잖아? 사실 너희한테 미안한 마음도 많이 들어. 너무 오랫동안 나 혼자 비밀을 간직한 채 너희들을 속여왔으니 말이야. 나한테 너무 화내지 말길 바랄게. 혹시나 화가 났더라도 정성껏 차린 이 음식들을 먹으면서 용서해줘!"

피크닉 매트 위에 차려진 음식들은 그야말로 진수성찬이었다. 패스트리와 케이크까지 준비한 걸 보면, 정성들여 차렸다는 아만다의 말은 거짓이 아닌 듯했다!

아만다는 빵집에서 케이크 두 개와 패스트리 세 개를 샀다. 케이크가 물론 패스트리보다는 훨씬 더 비쌌다. 케이크와 패스트리의 각 가격은 자연수로 딱 떨어졌다. 빵이 담긴 접시를 내밀자 계산원이 "15유로네요."라고 말했다면, 케이크 한 개의 가격은 얼마였을까?

집 안은 매우 고풍스러웠다. 나이가 지긋한 노부인이 평화롭게 살고 있는 집이구나 하는 느낌이 들 정도였다. 여기저기에 코바늘로 뜬 덮개들이 놓여 있었고, 뜨개질감들도 널브러져 있었다. 가구도 모두 다 오래되고 낡은 골동품들이었다. 벽에는 자수 장식과 시골 풍경을 묘사한 그림들이 걸려 있었고, 고양이 몇 마리가 어슬렁거리고 있었다.

"주방으로 가시죠, 꼬마 신사님! 이 일을 당신처럼 어린 분이 맡을 거라고는 상상도 하지 못했어요."

노부인이 놀리듯이 말했다.

"저희 대장 말에 따르면 그래야 의심을 덜 살 수 있다고 하더군요."

조가 쿨하게 대답했다.

"틀린 말은 아니지. 그런데 아까도 말했지만 소포 박스는 이제 여기 없단다. 그저께 밤 9시 반에서 10시 사이에 누군가가 와서 가져갔어. 커피 한 잔 줄까?"

노부인이 물었다.

조는 커피라면 질색이었다. 어릴 때 뜨거운 커피를 손에 쏟은 뒤부터는 커피 냄새만 맡아도 속이 불편해졌다. 하지만 서투른 초보처럼 보이기 싫은 마음에 노부인의 제안에 고개를 끄덕여 버렸다.

"아무래도 누군가가 할머님을 속인 것 같군요. 그 소포의 주인은 분명 저예요. 그러니 저는 반드시 그 소포를 찾아가야만 해요! 그 박스를 가져간 사람이 누구인지부터 알려주세요. 그럼 박스도 찾을 수 있겠죠!"

조가 단호하게 말했다.

말을 잇는 동안 조 스스로도 놀랐다. 자신이 그렇게 담담하게 거짓말을 늘어놓을 수 있을 거라고는 상상도 못했기 때문이다.

'음, 이 정도면 나라도 내 거짓말에 속아 넘어갔을 거야!'

하지만 겁이 나는 것도 분명 사실이었다. 무엇보다 노부인이 어디까지 알고 있는지를 몰랐기 때문에 더더욱 불안했다. 노부인이 이미 알고 있는 사실에 어긋나는 내용을 말했다가는 금세 궁지에 몰릴 게 뻔했기 때문이다.

"그럴 순 없어요, 꼬마 신사님!"

노부인의 태도도 단호했다.

"귀중한 정보를 그렇게 맨입으로 꿀꺽 삼킬 순 없지 않겠니? 사실 오래 전부터 날 괴롭혀온 문제가 하나 있단다. 참, 그런데 커피는 입도 대지 않았네? 뭐, 어쨌든 내가 내는 문제의 정답을 알려주면 나도 꼬마 신사분이 원하는 정보를 알려줄게!"

노부인의 말투는 자신의 할머니를 떠올리게 만들었다.

'뭐라고! 원하는 걸 얻고 싶다면 문제부터 풀라고?!'

하지만 조에게는 선택의 여지가 없었다. 조는 싫지만 어쩔 수 없이 커피를 한 모금 마시고 노부인이 내준 문제를 풀기 시작했다.

노부인은 특정 년도에 성 니콜라스 축일*이 무슨 요일인지를 알고 싶어 했다. 조의 과제는 그 특정 년도가 정확히 몇 년인지를 알아내는 것이었다. 노부인이 알고 있는 사실이라고는 그해 12월에 금요일이 네 번, 월요일이 네 번이었다는 사실뿐이었다. 즉, 그해 성 니콜라스 축일이 무슨 요일인지를 보면 노부인이 알고 싶어 하는 년도도 추적해낼 수 있는 것이었다. 이때 요일에 따른 년도는 다음과 같다.

월요일=(19)91, 화요일=(19)92, 수요일=(19)93, 목요일=(19)94, 금요일=(19)95, 토요일=(19)96, 일요일=(19)97

* 12월 6일. 성인聖人 니콜라스가 세상을 떠난 날. 성 니콜라스는 산타클로스의 모델이 된 인물이다.

드디어 숲 입구에 도착했다. 범인들이 말한 오솔길은 거기에서 그다지 멀지 않았다.

"산책 나온 사람들이 많지 않아야 할 텐데……."

막스가 걱정스러운 말투로 말했다.

"사람이 많으면 땅을 팔 수 없잖아."

"그럼 사람들이 모두 다 지나갈 때까지 기다리는 수밖에 없지."

마리가 대답했다.

이야기를 나누다 보니 어느 새 단풍나무 옆 오솔길에 도착했다. 주변은 고요했고, 사람은 한 명도 보이지 않았다. 그런데 오솔길 옆 풀밭 위에 알록달록한 뭔가가 놓여 있었다. 세 친구는 주변을 살피며 자전거를 세우고 단풍나무 곁으로 다가갔다.

나무 밑에는 피크닉 매트가 깔려 있고, 그 위에는 4인분의 식사가 차려져 있었다. 접시와 그릇 안에는 맛있는 음식들이 가득 담겨 있었다. 카나페*도 있었고, 비스킷과 초콜릿, 각종 과일 등 하나같이 모두 다 입 안에 침이 고이게 만드는 것들이

* 빵이나 크래커 위에 치즈, 과일 등 다양한 재료를 올려서 한입에 먹을 수 있게 만든 일종의 핑거푸드(finger food)

었다.

"와, 정말 맛있겠다! 먹어도 되는지 어떤지 모르겠지만, 몰라, 난 그냥 먹을 거야!"

조가 말했다.

"나도!"

마리도 덩달아 소리쳤다.

정말이지 근사한 점심 식사였다. 누가 차렸는지는 몰라도 많은 시간과 노력을 들였을 게 분명했다.

"그런데 대체 누가 이렇게 훌륭한 피크닉 런치를 차렸을까? 그것도 이렇게 인적이 드문 외딴 숲 속에 말이야!"

"그거야 나도 알 수 없지."

막스가 말했다.

"어쨌든 난 바나나부터 먹을래. 누군지는 몰라도 분명 우리를 위해 마련한 점심식사가 틀림없어!"

"걱정 말고 어서 드세요!"

그때 갑자기 위쪽에서 목소리가 들려왔다.

누군가가 있으리라고는 아무도 생각지 못했던 세 사람의 시선이 일제히 나무 위로 향했다.

아만다가 나무꼭대기에 앉아 세 친구를 내려다보며 웃고 있었다. 마리와 조는 벌린 입을 다물지 못한 채 아만다를 바라보았고, 그 와중에도 막스는 우적우적 바나나를 삼키고 있었다.

바나나 한 개에는 0.012%의 비타민C가 함유되어 있다. 그렇다면 100mg의 비타민C를 섭취하려면 바나나 몇 개를 먹어야 할까? 그 결과를 g으로 환산한 뒤 대분수로 나타낸 것이 이번 문제의 정답이다.

"흠, 알고 보니 그다지 어려운 문제도 아니네. 그래도 혼자서는 도저히 문제를 풀지 못했을 거야."

고개를 끄덕이며 마리가 말했다.

"조금만 공부하면 누구든 잘할 수 있어."

막스가 대답했다.

"그런데 마리야, 한 가지 문제가 있어. 오늘 밤에 어떻게 빠져나가지? 엄만 절대로 밤 11시에 그 습지에 가도록 허락해주시지 않을 거야."

"흠, 난 친구 집에서 잔다고 말할 거야, 조 말이야. 그럼 아마 엄마도 반대하지 않으실걸. 지금은 어차피 방학이고 조의 부모님은 오늘 파티에 가신대. 아마 우리가 꿈나라로 갈 때쯤에야 돌아오실 걸. 오빠도 조네 집에서 잔다고 말해. 적당한 핑계를 대고 말이야. 예를 들어 조의 컴퓨터가 고장 나서 고쳐줘야 한다고 말하면 어떨까? 인터넷이 안 되어서 손을 좀 봐줘야 한다고."

마리가 제안했다.

"와, 정말 기발한 생각이야. 네가 그 정도로 머리가 잘 돌아가는지 꿈에도 생각 못했어."

막스가 감탄에 감탄을 거듭했다.

"그렇다면 이쯤에서 퀴즈 하날 내볼까? 어차피 날씨도 안 좋아서 밖에 나가 놀기도 뭣하고, 최근 들어 네가 수학 퀴즈에 관심이 많은 것 같더라고!"

오빠 말이 맞았다. 어차피 바깥에는 천둥번개가 치고 있고 마리의 컴퓨터는 오늘 저녁에야 수리 센터에서 배달될 예정이었다. 게다가 조도 오늘 오후에는 할머니네 집에 간다고 했으니 마리로서는 오빠의 제안에 반대할 이유가 전혀 없었다.

이슬람국 중 한 나라의 통치자인 술탄 하치에게는 세 명의 조언자가 있었다. 그중 한 명은 늘 진실만을 말했고, 한 명은 늘 거짓을 말했으며, 나머지 한 명은 때에 따라 진실을 말하기도 하고 거짓을 말하기도 했다. 문제는 누가 누구인지 술탄은 모르고 있다는 것이었다. 고심 끝에 술탄은 한 가지 작전을 짠 뒤 세 명을 나란히 세우고 왼쪽에서 오른쪽으로 옮겨가며 다음 질문들을 던졌다.

왼쪽 조언자에게 던진 질문	당신 옆에 서 있는 사람은 어떤 사람인가?
왼쪽 조언자의 대답	정직한 조언자입니다.
중간 조언자에게 던진 질문	그렇다면 자네는 어떤 사람인가?
중간 조언자의 대답	그때그때 성향이 바뀌는 사람입니다.
오른쪽 조언자에게 던진 질문	당신 옆에 서 있는 사람은 어떤 사람인가?
오른쪽 조언자의 대답	거짓말쟁이입니다.

이로써 술탄 하치는 셋 중 누가 진실한 조언자인지, 누구를 믿어도 좋을지 알아내는 데에 성공했다. 과연 진실한 조언자는 왼쪽과 중간, 오른쪽에 서 있는 사람 중 누구일까?

마리와 힘을 합치자 문제는 쉽게 풀렸고, 조는 할머니께 답을 알려드린 뒤 곧장 출발했다. 마리도 조와의 통화가 끝난 뒤 다시 밖으로 나갔다. 막스 오빠는 이미 밖에 나와 있었다.

"아만다 언니는 어떻게 됐어?"

마리가 물었다.

"조는 방금 출발했어. 몇 분만 있으면 도착할 거야."

"아만다는 못 온대."

막스가 대답했다.

"갑자기 무슨 일이 생겼다나 뭐라나! 난 도저히 이해가 안 돼. 어떻게 오늘 이 사건을 마무리하는 것보다 더 중요한 일이 있을 수 있어? 아무래도 수상해."

마리도 매우 놀랐다.

'아만다 언니가 어떻게 이렇게 중대한 일에 빠질 수 있지? 나라면 무슨 일이 있어도 반드시 여기에 왔을 거야. 뭐, 더 중요한 일이 있다니 그런 줄 알아야지……. 걱정 마, 그럼 아만다 언니 없이 셋이서 문제를 해결하면 되지!'

몇 분 뒤 조가 모퉁이를 돌아 마리와 막스에게로 다가왔다. 아만다가 오늘의 거사에 참석하지 않는다는 말에 조도 적잖이 놀란 듯했다. 하지만 셋이서 힘을 합치면 충분히 해결할 수 있을 것 같았고, 이제는 정말이지 더 이상 시간을 지체할 수 없었다. 어서 숲으로 가서 범인들보다 한 발 빨리 목걸이를 찾아야 했다.

세 친구는 마리 아버지가 정원을 정리할 때 사용하시는 삽을 챙겨서 쇤호프 숲으로 향했다. 쇤호프 숲은 새로 들어선 아파트 단지 바로 뒤편에 있었는데, 마리네 집에서 그다지 멀지 않았다. 마리와 막스는 그 숲에 몇 번 가본 적이 있었다. 어릴 적 부모님께서 둘을 데리고 그곳으로 산책을 가곤 하셨던 것이다.

당시 쇤호프 숲은 지금보다 훨씬 더 넓었다. 하지만 주거 단지를 조성하기 위해 그중 일부를 깎아내면서 지금은 옛날보다 규모가 많이 줄어들었다. 숲 주변 지역에서는 지금도 여기저기에서 공사가 한창 진행 중이었다.

그중 한 공사장은 길이가 45.5 m, 너비가 22.2 m 이다. 그 땅의 가격이 1m^2당 314.40유로라면, 전체 면적을 매입하는 데에 드는 비용은 얼마일까?

아만다는 자신이 내뱉은 말에 책임을 지는 타입이었고, 그런 만큼 통화도 금방 끝냈다. 네 친구는 걸어서 공장까지 가기로 정했다. 쉰호프처럼 작고 외딴 도시에서 네 명이 우르르 자전거를 타고 지나간다면 누군가의 눈에 띌 확률이 너무 높다고 본 것이었다. 대신 막스의 자전거 앞에 달린 바구니는 떼어서 가져가기로 결정했다. 그 안에 각종 필요한 물건들을 담을 생각이었다.

그런데 각자 꼭 필요하다고 생각하는 물건이 서로 달랐다. 마리는 쌍안경과 보이스레코더와 카메라를 챙겼고, 막스는 돋보기와 손전등과 휴대폰을 챙겼다. 조는 생수 두 병과 군것질거리를 반드시 챙겨야 한다고 우겼다.

"그게 대체 왜 필요하지?"

막스가 조에게 물었다.

"나중에 목이 마르거나 배가 고파질 수도 있잖아."

조가 약간은 비아냥거리는 말투로 말했다.

"숨어서 범인들의 동정을 살피는 와중에 누군가의 뱃속에서 꼬르륵 소리가 난다면 우린 금세 발각되고 말 거야!"

"으이그, 알았어. 그런데 휴지는 안 챙겨도 되겠니? 지난번 노이하우스 습지에서처럼 또 재채기가 날지도 모르잖아!"

막스가 은근슬쩍 조를 놀렸다.

하지만 조는 막스의 농담을 진지하게 받아들여 화장지도 바구니에 챙겨 넣었다.

아만다도 몇 가지 물건들을 바구니에 챙겨 넣고 싶어 했는데, 사실 자전거 앞쪽에 달린 바구니라는 게 그다지 튼튼한 편이 아니어서 막스의 바구니 역시 최대 하중이 5kg밖에 되지 않았다.

물병 한 개가 1kg, 조가 챙긴 군것질거리의 무게가 총 233.3g, 휴지가 2376mg, 막스가 챙긴 물건들이 총 999g, 마리가 챙긴 물건들이 총 1276g이라면 아만다는 최대 몇 g까지 바구니에 담을 수 있을까?

상당히 오랜 시간이 걸리기는 했지만 마리는 막스 오빠가 낸 퀴즈를 기어코 풀어내고 말았다. 그런데 문제를 다 풀고 나니 시간이 정말이지 더디게 흐르는 것 같았다. 중간에 할머니한테서 전화가 온 게 그날의 유일한 이벤트였다. 사실 이벤트랄 것도 없었다. 익히 예측했던 바였으니 말이다. 통화 내용도 작년과 다를 바가 없었다. 인사가 늦어서 미안하고, 진심으로 생일을 축하한다는 내용이었다. 전화를 끊은 뒤 마리는 방을 정리하고 책을 읽으며 시간을 때웠다.

저녁 8시쯤 마리와 막스는 자전거를 타고 조의 집으로 향했다. 예상했던 것처럼 엄마는 조의 집에서 잠을 자도 좋다고 흔쾌히 허락하셨다. 엄마로서는 갑자기 사이가 좋아진 남매의 모습이 어색하기는 했지만, 어쨌든 슬퍼할 일이 아닌 것만큼은 분명했고, 그런 만큼 엄마의 표정에는 흐뭇함이 가득 묻어났다.

다행히 비가 그쳤다. 궂은 날씨에 습지로 간다는 건 생각만 해도 끔찍했다. 자전거를 타고 가니 조네 집까지는 금방이었다. 그런데 벨을 눌러도 아무도 문을 열어주지 않았다.

"오늘 우리가 뭘 하기로 한지 설마 잊어버린 건 아니겠지?"

막스가 걱정스럽게 말했다.

"조는 그런 애가 아니야!"

마리가 단언했다.

"지각을 할 때가 많은 건 사실이지만, 오늘 같은 날 절대로 계획을 까먹었을 리는 없어!"

조급해진 마리와 막스는 다시 한 번 벨을 눌렀고, 세 번만에 드디어 조가 현관문을 열어주었다. 그런데 조는 왠지 모르게 정신이 딴 데 팔려 있는 사람 같았다. 주방에 들어가 보니 그 이유를 알 것 같았다. 식탁 전체가 각종 스케치와 계산이 적힌 메모지들로 뒤덮여 있었다.

대체 뭘 하고 있었는지 캐묻는 듯한 마리와 막스의 눈빛에 조가 더듬거리며 말했다.

"아, 이거? 할머니께서 내게 부탁하신 게 있거든. '조, 너도 이제 중학생이잖니. 중학생이면 이 정도는 척척 계산해내야 당연한 거 아닐까?* 오늘 밤 8시 반까지는 정답이 뭔지 할머니한테 꼭 알려줘야 해. 정원사가 내일 아침에 오기로 했단 말이다.'라면서 할머니께서 내게 숙제를 내주셨어. 시간이 촉박할수록 마음이 조급해지고, 그럴 때마다 계산이 잘 안 된다는 걸 할머닌 도무지 모르시나 봐. 벌써 한 시간째 이러고 있는데, 아직도 채소밭의 크기를 계산하지 못했어. 20분 뒤엔 할머니한

---

* 독일 학제는 매우 다양하게 구성되어 있는데, 대개 초등학교를 4년 간 다닌 후 인문계 중고교(김나지움)나 실업학교, 종합학교 등 상급반으로 진학한다.

테 답을 알려드려야 하는데, 정말이지 큰일이야!"

"진정해, 조. 내가 있잖아!"

막스가 불안해하는 조를 안심시켰다.

"식탁 위를 조금만 정리해주면 얼른 계산해줄게. 그러니까 뭘 어떻게 계산해야 한다는 건지만 알려줘. 아, 여기 그 수치들이 적혀 있네. 좋아, 내가 금방 풀어줄게."

조의 할머니는 조에게 다음과 같은 간단한 설계도 하나를 건네주면서 채소밭의 전체 면적 중 상추밭의 면적이 정확히 얼마인지를 알아내라고 하셨다.

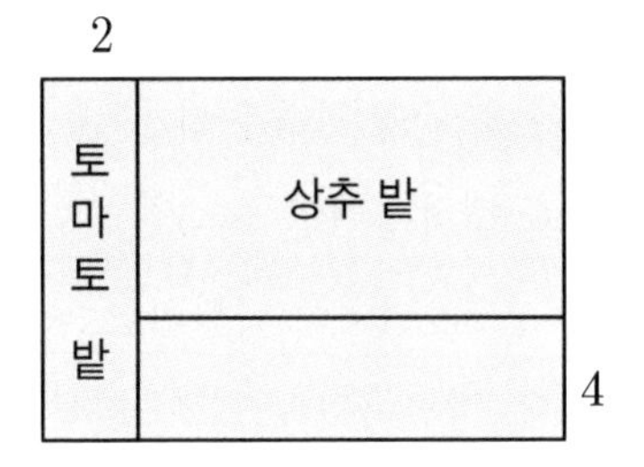

전체 면적: $120m^2$ 토마토밭의 면적: $20m^2$

"거 봐, 난 네가 그 문제를 금방 풀 줄 알고 있었어!"

마리가 의기양양하게 말했다.

"이제 할머니를 도와드렸으니 얼른 이리로 와. 아, 잠깐! 그러지 말고 우리 15분 뒤에 쇤호프 중앙역에서 만나자, 알았지? 이따 봐!"

조가 뭐라고 말도 하기 전에 마리는 전화를 끊어버렸다.

마리는 바깥 날씨를 다시 한 번 확인한 뒤 얼른 자전거에 올라 페달을 밟았다.

1㎞ 이상을 달려 대로변으로 나간 뒤에도 페달을 밟는 속도는 느려지지 않았다. 자기 입으로 15분이라 말한 만큼 반드시 시간을 지키고 싶었다. 하지만 알고 보니 그럴 필요가 전혀 없었다. 늘 그렇듯 조가 이번에도 지각을 한 것이다.

오늘의 변명은 자전거 타이어에 펑크가 나는 바람에 걸어올 수밖에 없었다는 것이었다. 마리는 화가 나서 소리를 질렀고, 조는 그런 마리를 진정시키느라 진땀을 뺐다. 결국엔 마리도 화를 누그러뜨렸다. 생각해보니 조의 자전거 바퀴에 펑크가 난 건 아무리 생각해도 조의 실수는 아닌 것 같아서였다.

진정된 마리가 드디어 조에게 사건의 경과를 보고했다. 어젯밤부터 지금까지 일어난 일들을 모두 다 이야기해준 뒤 마리는 조에게 중앙역 안으로 들어가자고 제안했다. 쇤호프는 작은 마을이었고, 그런 만큼 중앙역 역시 대도시 중앙역보다는 아무래도 소박했다. 역 안에 사람도 많지 않았다. 쇤호프 중앙역은 평소에도 심하게 붐비지는 않았다. 새 도로가 개통된 뒤부터는 중앙역 이용객의 수가 더더욱 줄어들었다. 마리의 아빠도 늘 이렇게 말씀하시곤 했다.

"열차는 시간이 너무 오래 걸려. 도로가 뚫린 뒤부터는 직접 운전해서 차로 가는 게 훨씬 더 빠르지!"

그럼에도 불구하고 쇤호프 시의 건설국은 중앙역 폐쇄에 반대했다.

어쨌거나 저쨌거나 마리와 조는 역사[驛舍] 안으로 들어왔다. 그런데 두 친구가 사물함 쪽으로 걸어가려던 찰나, 안내방송이 들려왔다.

"4시 07분 도착 예정이던 오버알트슈타트에서 출발한 36754 열차가 1분 지연될 예정입니다. 불편을 드려 죄송합니다. 양해 부탁드립니다."

오버알트슈타트에서 쇤호프까지 운행하는 36754 열차는 총 여섯 개의 역을 지난다(기점과 종점을 포함해서 총 여섯 개). 그런데 세 번째 역에서 18분이 지연되었고, 그 이후 모든 역에서 3분씩을 따라잡았다면 결국 36754 편이 쇤호프에 도착하는 시각은 언제일까?

'참 나, 요즘은 별 게 다 예술 작품이라니까!'

걸음을 재촉하며 커스티는 이해할 수 없는 예술 세계에 고개를 가로저었다. 아무리 봐도 쓰레기를 그저 아무렇게나 쌓아 놓은 것처럼 보이는데, 혹은 하얀 캔버스에 페인트를 흩뿌려 놓은 것처럼 보이는데 그게 모두 다 예술 작품이라니, 도저히 납득이 되지 않았다. 현대 예술이 신기하고 재미있는 것만큼은 분명하지만, 아름답고 훌륭하다는 말에는 결코 동의할 수 없었다.

드디어 윈터타운의 유물들이 전시되어 있는 공간에 들어섰다. 이미 몇 번이고 와봤던 곳이었다. 커스티는 오른쪽 벽에 가까이 다가가 시대 순으로 전시되어 있는 유물들을 감상했다. 개중에는 윈터타운의 시장市長을 지낸 인물들이 그린 그림도 있었고, 한때 아이자크 뉴턴이 앉아서 작업을 했다는 의자도 전시되어 있었다. 값진 성배聖杯도 볼 수 있었고, 그리고 그 다음 유물은 바로……, 그렇다, 이제 윈터타운의 보석이 나올 차례였다!

값진 에메랄드 목걸이를 보관하기 위해 특별히 제작된 유리 상자가 햇빛을 받아 눈부시게 반짝이고 있었다.

커스티는 장식장 앞에 서서 우선 아래편의 안내판과 설명부터 읽었다. '윈터타운의 보석-레이첼 영 부인의 소장품'이라고 적혀 있고, 그 아래쪽에는 영 부인이 아름다운 우리 마을 윈터타운의 탄생에 커다란 공헌을 한 인물이라는 설명이 적혀 있었다. 거기까지는 모든 게 완벽했다.

커스티의 시선이 위로 향했다. 그리고는 자신의 눈을 의심할 수밖에 없었다. 유리 상자 안에 당연히 있어야 할 목걸이가 정말로 보이지 않았던 것이다. 상자 안에는 붉은색 벨벳 쿠션만이 주인을 잃은 채 덩그러니 놓여 있었다.

커스티는 마른 침을 꿀꺽 삼켰다. 아무리 참으려 해도 자꾸만 밭은기침이 났다. 눈을 꾹 감았다가 몇 초 후 다시 떠보기도 했지만, 목걸이는 분명 그 자리에 없었다. 주변을 돌아보니 방문객들이 자기만 쳐다보고 있었다. 창피해진 커스티는 얼른 그 자리를 벗어나 박물관 밖으로 나온 뒤 집으로 돌아왔다. 집으로 돌아오는 내내 텅 빈 쿠션과 유리 상자가 커스티의 머리에서 떠나지 않았다.

유리 상자는 주사위 모양이고 각 모서리의 길이는 8cm였다. 만약 그 안을 모서리의 길이가 2cm인 상자로 채운다면 최대 몇 개까지 넣을 수 있을까?

그사이 이미 실러 가에 도착한 조는 노부인의 집 앞 정원 울타리에 자전거 자물쇠를 채운 뒤 초인종을 눌렀다. 가슴이 콩닥콩닥 뛰었다.

'제발 이 할머니가 뭔가 중요한 정보를 떠올릴 수 있어야 할 텐데 말이지……. 만약 아무것도 기억해내지 못한다면 헛걸음을 한 거잖아.'

자신이 아무런 정보도 얻지 못하고, 그래서 결국 사건을 해결하지 못하게 되는 상황은 정말이지 상상도 하기 싫었다.

인터폰에서 익숙한 목소리가 들려왔다.

"누구세요?"

조는 깊은 숨을 들이쉰 뒤 입을 열었다.

"안녕하세요, 저예요. 얼마 전에 소포 박스를 가지러왔던 그 소년 말이에요. 그때 누가 이미 소포를 찾아가셨다고 말씀하셨는데, 혹시 기억나시나요?"

얼마간의 침묵 뒤에 노부인이 입을 열었다.

"내가 알고 있는 사실은 이미 다 알려줬는데. 난 이제 더 이상 알려줄 게 없어."

"안 돼요, 할머닌 우리의 마지막 희망이란 말이에요, 제발 이렇게 부탁드릴게요!"

또 다시 침묵이 흘렀다.

"휴, 알았어. 일단 들어는 와 보거라!"

노부인이 말했다.

"하지만 공짜로 무언가를 알려줄 순 없어. 일단 꼬마 신사의 능력을 한 번 증명해 보여 봐!"

'휴, 이거면 첫 걸음은 무사히 뗀 거야!'

안도의 한숨을 내쉬며 조가 계단을 뛰어올랐다.

노부인은 문을 열자마자 오늘의 과제부터 내주었다.

"잘 들어, 꼬마 신사. 오늘 해야 할 일은 다름 아닌 정원의 잔디를 손질하는 거야. 그런 다음 내가 과연 도움이 될 수 있을지 어떨지 커피를 마시며 천천히 이야기를 나눠 보기로 하자꾸나."

조의 마음에는 전혀 들지 않는 과제였다. 첫째, 중요한 정보를 입수할 수 있다는 보장이 없었고, 둘째, 노부인의 정원은 면적이 꽤 넓었으며, 셋째, 또 다시 커피를 홀짝여야 한다니 벌써부터 속이 메슥거렸다.

그러나 싫든 좋든 조로서는 노부인의 제안을 받아들이는 수밖에 없었다.

조가 깎아야 할 잔디밭의 총 면적은 얼마일까? 노부인의 정원은 아래 그림처럼 사다리꼴인데, 가운데에 길이 하나 나 있다. 물론 그 샛길에는 잔디가 자라지 않고 있으니 그 부분은 작업을 할 필요가 없다.

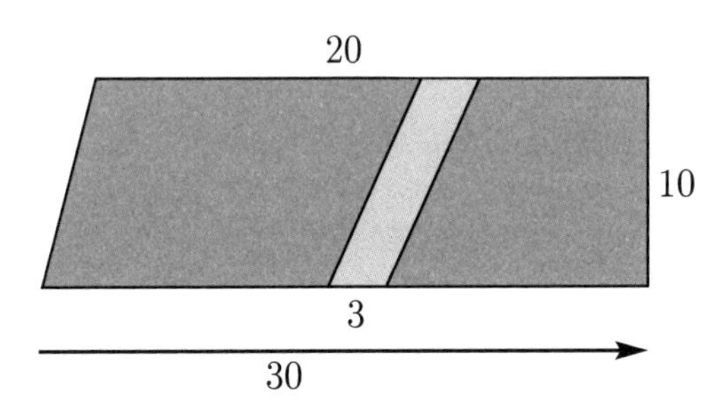

도미노 게임은 이미 오래 전에 끝났다. 숫자도미노를 색깔 도미노로 바꾼 덕분에 세 친구는 신이 나게 게임에 열중했지만, 열 번째 게임이 끝날 때쯤에는 모두들 흥미를 잃고 방 안 여기저기에 널브러져 앉아 조가 돌아오기만 목이 빠져라 기다렸다.

그러다가 마리가 짜증을 부렸다.

"이게 다 무슨 소용이야! 그냥 전부 다 포기해버리자. 만약 조가 도움이 될 만한 정보를 얻었다면 왜 아직 안 왔겠어!"

"그렇게 쉽게 포기할 일은 아냐!"

막스가 달랬다.

"어쩌면 아직 돌아오지 않은 게 오히려 좋은 징조일 수도 있어. 잘 생각해봐, 만약 아무런 정보를 얻지 못했다면 이미 오래 전에 돌아왔겠지, 하지만 이렇게 늦게까지 돌아오지 않는다는 건 분명 어떤 정보를 캐내고 있다는 뜻이야, 그렇지 않아?"

"나도 같은 생각이야."

아만다가 동참했다.

"무슨 일이든 목 놓아 기다리면 신경이 날카로워지기 마련이야. 비관적이 되기도 하지. 하지만 내가 생각해도 이건 분명 좋은 신호야. 이제 곧 조가 따끈따끈한 소식들을 우리한테 전해줄 거야. 그러고 나면 다시금 본격적으로 수사에 착수하는 거지!"

"언니랑 오빠 말이 맞는 것 같아."

마리도 동의했다.

"맞아, 그렇게 쉽게 포기할 일은 분명 아니야. 하지만 아무것도 하지 않고 이렇게 기다리고만 있자니 지루해 죽겠어!"

"그럼 지루하지 않은 걸로 시간을 때우면 되지!"

아만다가 마리를 위로했다.

"내 머릿속에 수수께끼가 가득 들어 있다는 건 잘 알고 있지? 그중 한 가지 퀴즈를 내볼게. 아마 넌 시간 가는 줄도 모르고 퀴즈에만 열중하게 될걸!"

"좋아, 무슨 퀴즈인지 모르겠지만 어서 말해봐!"

마리가 일 분 일 초도 기다릴 수 없다는 듯 아만다를 재촉했다.

아르노와 비앙카, 크리스티안과 다니엘라는 포커 게임을 하고 있다. 게임은 이제 막 마지막 라운드에 돌입했다. 그런데 그 넷은 마지막 패를 확인하기 전에 자신의 순위를 다음과 같이 예상했다.

아르노	난 아마 3등을 할 것 같아.
비앙카	내 생각엔 아르노의 순위가 다니엘라보다 2칸 더 높을 것 같아.
크리스티안	난 아르노가 승자가 될 것 같아.
다니엘라	아닐걸! 크리스티안의 순위가 아르노보다 3칸 더 높을걸!

마지막 카드를 확인하고 나니 결국 위 네 가지 예측 중 승리를 차지한 사람의 예측만이 옳았던 것으로 확인되었다. 그렇다면 실제 순위는 어땠을까? 그중 다니엘라의 순위가 이 문제의 정답이다!

다음 날 아침 8시가 되자 자명종이 사정없이 울려댔다. 마리는 몸이 좀 무겁게 느껴졌지만, 그럼에도 불구하고 알람 소리가 나자마자 자리에서 벌떡 일어났다.

'오늘은 정말 중요한 날이야, 오늘 우린 귀중한 에메랄드 목걸이를 찾아내고 사기꾼들을 처단할 거야!'

막스 오빠도 이미 일어나 있었다. 남매는 얼른 세수를 하고 마멀레이드를 바른 빵을 먹은 뒤 양치를 하고 필요한 물건들을 챙겼다. 정각 9시에는 자전거를 가지고 현관 앞에 서 있었다. 하지만 어쩐 일인지 조와 아만다의 모습이 보이지 않았다.

"9시에 만나기로 한 거 맞지?"

마리가 확인을 위해 오빠에게 물었다.

막스가 고개를 끄덕였고, 둘은 불안한 마음으로 조와 마리가 나타나기만을 기다렸다.

9시 반이 되도록 두 사람 모두 코빼기도 보이지 않자 마리의 얼굴이 붉으락푸르락해졌다.

"난 조한테 전화를 걸어볼게, 오빤 아만다 언니한테 연락해 봐. 도저히 이럴 순 없어. 이렇게 중요한 날 늦잠을 자다니 말이야!"

마리는 화를 참지 못했다.

전화를 받은 조의 목소리는 그다지 밝지 않았다. 밝기는커녕 끙끙 앓고 있었다. 마리는 즉시 어떤 상황인지 알아챘다. 할머니께서 또 숙제를 내주신 것이었다. 이번 문제는 조를 쩔쩔 매게 만들 만큼 어려운 문제인 것 같았다.

“어떤 문젠데 그렇게 끙끙 앓아? 나한테 말해봐!”

마리가 말했다.

“내가 얼른 풀어 줄게. 대신 문제를 다 푼 다음에는 곧장 이리로 달려와야 해! 오늘이 무슨 날인지 설마 까먹은 건 아니겠지?”

물론 조가 그 사실을 깜박했을 리는 없었다. 오늘 아침엔 특별히 일부러 더 일찍 일어나기까지 했다. 하지만 밖으로 나오려던 찰나, 할머니께서 제동을 걸었다.

이번 문제는 할머니의 통장 잔액에 관한 것이었다. 6월 30일에는 통장에 310유로가 남아 있었다. 매월 1일에는 통장으로 30유로가 입금되었다. 할머니는 가끔 자수 장식품을 만들어 어느 작은 가게에 갖다 주곤 하시는데, 그 가게에서 그렇게 매달 1일에 돈을 입금해주는 것이었다. 반면 매달 15일에는 집세 200유로가 통장에서 자동이체로 빠져나간다.

할머니의 통장은 마이너스 400유로까지 은행에서 빌려 쓸 수 있는 통장이다. 그렇다면 은행 측에서 거래를 정지시키는 시점은 언제일까?

최종 테스트

탐정 클럽 캠프

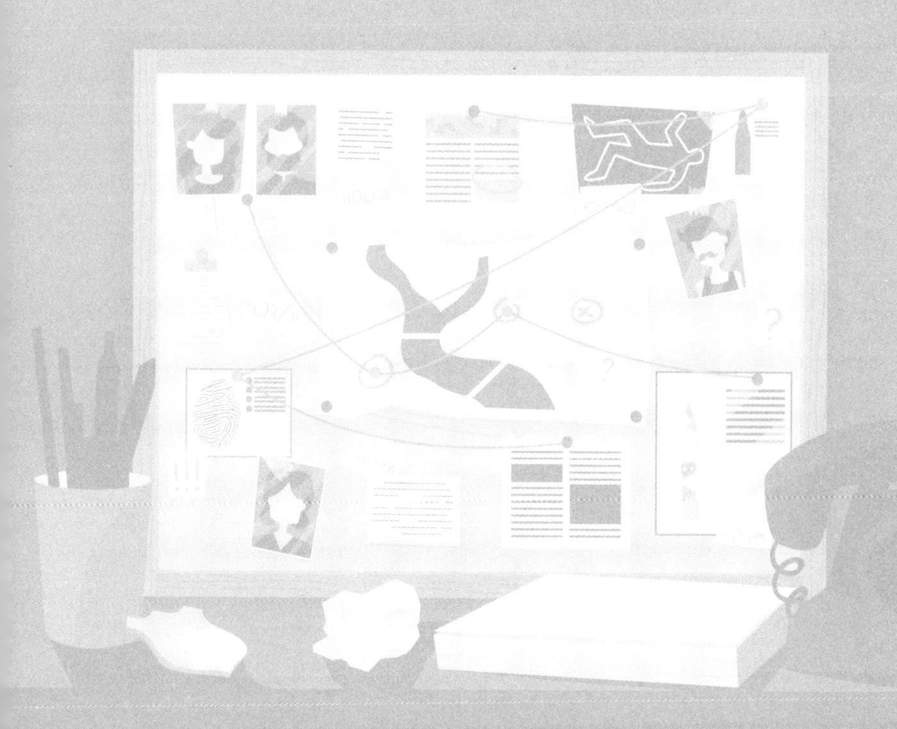

문제 1 단체 사진

a) 마리와 조, 막스와 아만다는 탐정 클럽을 결성한 기념으로 캠프를 떠나기로 했다. 조는 캠프에서 단체 사진을 찍을 때 야구 모자를 쓸지 말지를 두고 고민에 빠졌다. 세 장의 티셔츠와 바지 다섯 벌 중 어떤 걸 입을지도 고민이다. 조가 선택할 수 있는 패션은 총 몇 가지일까?

b) 의자 네 개가 나란히 놓여 있고 사진을 찍을 사람도 네 명이라면 선택할 수 있는 자리 배치 방법은 총 몇 가지일까?

문제 2 군것질거리

유리병 안에 군것질거리들이 가득 들어 있다. 살펴보니 초콜릿이 55.5g, 사탕이 0.02kg, 222g짜리 꼬마곰 젤리가 한 봉지, 2355mg짜리 막대사탕이 다섯 개이다. 유리병 안에 든 군것질거리의 무게를 모두 합하면 얼마일까?

문제 3 이정표

아래 화살표는 베이스캠프의 위치를 알려주기 위한 것이다. 화살표의 총 면적은 얼마일까?

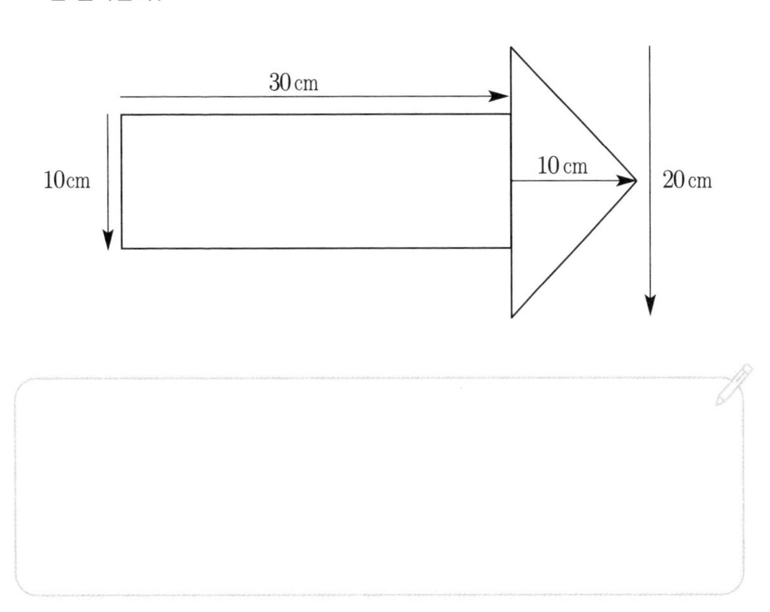

문제 4 포스터

네 친구는 베이스캠프 벽면에 소수들이 가득 적힌 포스터를 붙이고 싶어 한다. 다음 중 그 포스터에 포함될 수 있는 숫자는?

a) 131　　b) 56　　c) 175　　d) 67

문제 5 전개도

아래 전개도를 접으면 2MAJ 클럽의 상징이 된다. 2MAJ 클럽의 상징은 과연 무슨 모양일까?

문제 6 클럽 통장

네 친구는 2MAJ 클럽의 이름으로 통장을 하나 개설했다. 회원들은 거기에 각자 10.25유로씩을 입금했다. 그런데 네 친구는 과거에 마리의 엄마로부터 35.17유로를 빌려, 그 돈부터 갚아야 한다. 수사에 필요한 장비들을 구입하는 데에는 총 25.53유로가 들었다. 그런가 하면 아만다의 할머니께서 수사에 보탬이 되었으면 좋겠다며 20유로를 기부하셨다. 그렇다면 클럽 통장에 남아 있는 잔액은 얼마일까?

문제 7 비밀번호

베이스캠프에 들어가려면 여덟 자리로 된 비밀번호를 눌러야 한다. 처음 네 자리는 1, 2, 4, 8이었다. 과연 나머지 네 개는 어떤 숫자들일까?

1, 2, 4, 8, ______, ______, ______, ______

문제 8 클럽 통장 해약

클럽 통장을 해약할 경우, 다음과 같은 비율로 잔액을 나누기로 결정했다. 우선 마리는 총 잔액의 $\frac{2}{5}$를, 조는 $\frac{2}{4}$을, 막스는 $\frac{1}{3}$을, 아만다는 $\frac{2}{9}$를 갖기로 한 것이다. 과연 이 방식대로 분배하는 것이 옳을까?

문제 9 가족 할인

2MAJ 클럽 규정에 따르면 클럽 회원의 가족이 사건을 의뢰할 경우 수고비를 22% 할인해주기로 되어 있다. 만약 조의 할머니가 어떤 사건을 의뢰했고, 그 사건의 수사비가 원래 41유로라면 조의 할머니는 얼마를 지불해야 할까?

문제 100 클럽 가입 조건

2MAJ 클럽에 가입하고 싶다면 다음 퀴즈를 풀어야 한다. 0, 1, 2, 3, 4, 5, 7이라는 숫자를 아래 빈 칸 일곱 개에 계산이 맞도록 채워 넣는 것이 바로 2MAJ 클럽의 '입학시험 문제'이다!

_____ _____ ÷ _____ + _____ _____ = _____ _____

정답

문제 1

우물의 깊이는 50m이다. 마리가 1시간에 기어오르는 높이는 '5−3=2', 즉 2m이다. 그렇다면 23시간이 지난 뒤 마리는 '23h×2m=46m'를 기어오르게 된다. 24시간째에는 5m를 오르면 이미 우물 밖으로 나오기 때문에 다시 미끄러질 일이 없다.
즉 총 24시간이 필요한 것이다.

문제 2

상의의 종류는 10가지, 하의의 종류는 바지와 치마를 합해서 총 8가지(5+3=8)이다. 그중에서 마리가 선택할 수 있는 모든 경우의 수는 10×8=80(가지)이다.

문제 3

양초 1개가 완전히 타는 데에 걸리는 시간은 $\frac{15\text{cm}}{1\ \text{mm}/\text{분}}=\frac{150\text{mm}}{1\ \text{mm}/\text{분}}$=150분.

4번째 양초에 불을 붙인 시각은 정확히 9시 3분이었다. 즉 9:03으로부터 정확히 150분 뒤에 불이 완전히 꺼지는 것이다. 따라서 9시 3분+150분=9시 3분+2시간 30분=11시 33분이다. 즉 이 문제의 정답은 11시 33분(11:33)인 것이다.

문제 4

케이크의 전체 크기를 1이라 할 때 막스가 제안한 분배방식에 따라 엄마와 막스 그리고 마리가 나눠 먹게 될 케이크의 크기는 다음과 같다.

- 마리: $\frac{1}{3}$
- 엄마: $\left(1-\frac{1}{3}\right)\cdot\frac{1}{3}=\frac{2}{3}\cdot\frac{1}{3}=\frac{2}{9}$
- 막스: $1-\frac{2}{9}-\frac{1}{3}=1-\frac{2}{9}-\frac{3}{9}=1-\frac{5}{9}=\frac{4}{9}$

문제 5

3)과 4)는 서로 모순되고, 그렇기 때문에 그 둘 중 하나가 반드시 '참'이어야만 한다.

그런데 만약 3)이 참이라면 하녀가 범인이었다는 뜻이 된다. 하지만 1)~4)까지 중 진실인 명제는 하나밖에 없다고 했다. 즉 3)이 참이라면 2)는 거짓이 될 수밖에 없으므로 요리사도 범인이 된다. 하지만 범인은 1명뿐이다. 따라서 3)은 참이 될 수 없고, 결국 4가지 진술 중 진실은 4)일 수밖에 없다. 1), 2), 3)은 거짓이다.

그 결론에 따라 명제들을 다시 정리하면 다음과 같다.
1) 정원사는 범인이 아니다.
2) 범인은 요리사였다.
3) 하녀는 범인이 아니다.

즉 범인은 요리사였고, 이에 따라 이 문제의 정답은 346이 된다.

문제 6

초콜릿 전체의 면적: $12 \cdot 7 = 84$㎠

마리가 먹은 초콜릿의 면적: $(7-4) \cdot (12-9) = 3 \cdot 3 = 9$㎠

남은 초콜릿의 면적: $84 - 9 = 75$㎠

정사각형 초콜릿 한 개의 면적: $1 \cdot 1 = 1$㎠

남은 정사각형 초콜릿 개수: $\frac{75㎠}{1㎠} = 75$개

문제 7

고를 수 있는 토핑의 종류는 총 9가지이고, 그중에서 세 가지를 고를 수 있는 모든 방법의 수는 다음과 같다(이때 순서는 상관없음).

$$\binom{9}{3} = \frac{9!}{6! \cdot 3!} = 84$$

문제 8

로마숫자를 이용하면 간단하다. 가로 방향으로 숫자를 반으로 가르면 7이 나온다!

XII

문제 9A

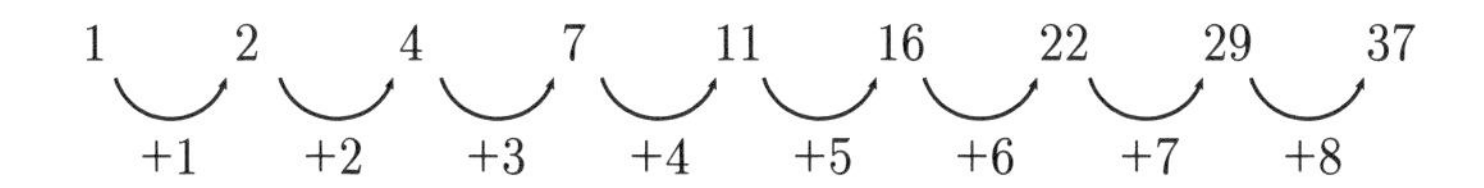

1 5 3 15 13 65 63 315 313 1565 1563

×5 −2 ×5 −2 ×5 −2 ×5 −2 ×5 −2

37+1563=1600

문제 9B

1 1 2 3 5 8 13 21 34 55 89

1+1=2; 1+2=3; 2+3=5; 3+5=8; 5+8=13; 8+13=21;
13+21=34; 21+34=55; 34+55=89
=> 1600+89=1689

문제 10

우선 가능한 모든 조합을 나열해야 한다. 그렇게 하면 3 • 2 • 1=6이라는 공식에 따라 총 6개의 조합이 나온다.

	왼쪽 조언자(1)	중간 조언자(2)	오른쪽 조언자(3)
a)	정직한 조언자	성향이 바뀌는 조언자	거짓말쟁이 조언자
b)	정직한 조언자	거짓말쟁이 조언자	성향이 바뀌는 조언자
c)	성향이 바뀌는 조언자	정직한 조언자	거짓말쟁이 조언자
d)	성향이 바뀌는 조언자	거짓말쟁이 조언자	정직한 조언자
e)	거짓말쟁이 조언자	정직한 조언자	성향이 바뀌는 조언자
f)	거짓말쟁이 조언자	성향이 바뀌는 조언자	정직한 조언자

1번 위치에 서 있는 사람, 즉 왼쪽 조언자는 자기 옆에 서 있는 사람이 정직한 조언자라고 대답했다.
그런데 정직한 조언자가 그 대답을 할 수는 없다. 그렇게 될 경우, 거짓말이 되기 때문이다.
이에 따라 a)와 b)는 정답이 될 수 없다.

2번 위치에 서 있는 사람, 즉 중간 조언자는 때에 따라 성향이 바뀌는 사람이라고 대답했다.
이 대답 역시 정직한 조언자는 할 수 없다.
이에 따라 c)와 e)도 정답이 될 수 없다.

이제 남은 것은 d)와 f)뿐인데,
두 경우 모두 정직한 조언자는 3번 위치, 즉 오른쪽에 서 있다.

그리고 d)와 f) 중 정답은 d)이다.
정직한 조언자는 늘 진실만을 말하기 때문에 거짓말쟁이 조언자가 중간에 서 있어야만 하는 것이다.

문제 11

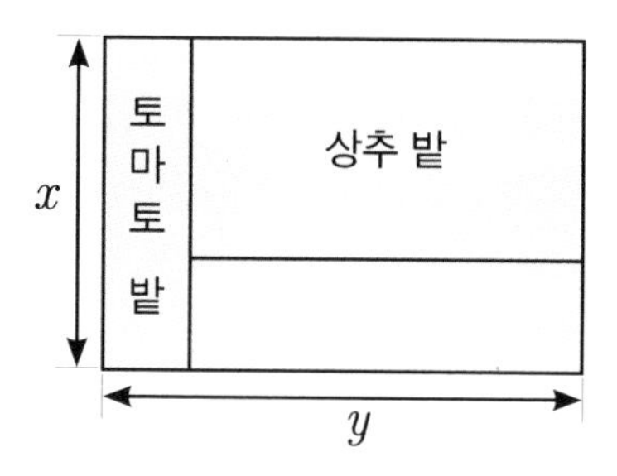

토마토 밭의 면적 $2\text{m} \cdot x\text{m} = 20\text{m}^2 \Rightarrow x = \frac{20}{2} = 10\text{m}$

채소밭 전체의 면적 $x\text{m} \cdot y\text{m} = 10\text{m} \cdot y\text{m} = 120\text{m}^2$

$$\Rightarrow y = \frac{120}{10} = 12\text{m}$$

상추 밭의 면적 $(y-2)\text{m} \cdot (x-4)\text{m} = 10\text{m} \cdot 6\text{m} = 60\text{m}^2$

문제 12

집에서 습지까지의 총 거리: $17\text{cm} \cdot 35{,}000 = 595{,}000\text{cm} = 5950\text{m}$

소요 시간: $\frac{5950\text{m}}{350\,\text{m}/\text{분}} = 17\text{분}$

문제 **13**

매 시각 정시에 종이 울리는 횟수:

$$(1+2+3+4+5+6+7+8+9+10+11+12)\cdot 2=156$$회

매 시각 30분에 종이 울리는 횟수: 24회

하루에 종이 울리는 횟수: 156+24=180회

문제 **14**

113+131+311+122+203+212+221+230+302+320+401+410+104+140+500=3720

문제 **15**

풀의 크기:

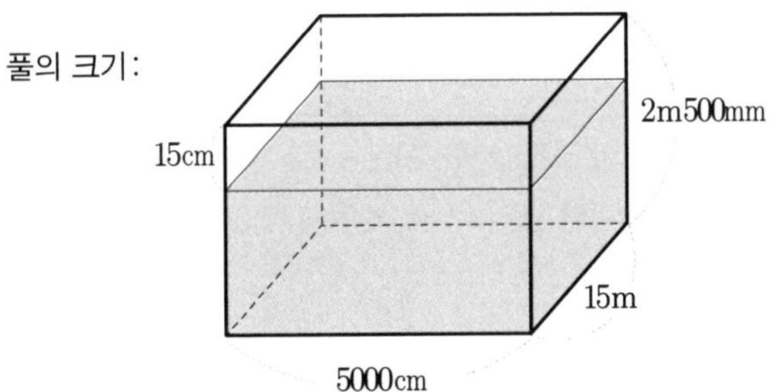

물의 높이: 250cm−15cm=235cm=2.35m

필요한 물의 부피: 50m • 15m • 2.35m=1762.5m^3

문제 16

이 문제에는 정답이 여러 개가 있다. 여기에서는 3가지 경우만을 소개한다.

<table>
<tr><td colspan="2">2</td></tr>
<tr><td>4</td><td>6</td></tr>
<tr><td>1</td><td>8</td></tr>
<tr><td>3</td><td>5</td></tr>
<tr><td colspan="2">7</td></tr>
</table>

<table>
<tr><td colspan="2">2</td></tr>
<tr><td>5</td><td>7</td></tr>
<tr><td>1</td><td>3</td></tr>
<tr><td>6</td><td>8</td></tr>
<tr><td colspan="2">4</td></tr>
</table>

<table>
<tr><td colspan="2">5</td></tr>
<tr><td>1</td><td>3</td></tr>
<tr><td>6</td><td>8</td></tr>
<tr><td>2</td><td>4</td></tr>
<tr><td colspan="2">7</td></tr>
</table>

문제 17

이 문제는 에라토스테네스의 체Eratosthenes´ sieve를 이용해서 풀 수 있다. 그 과정은 다음과 같다.

1) 1부터 50까지 숫자를 적는다.
2) 빗금을 그어서 숫자 1을 지운다. 숫자 1이 소수가 아니기 때문이다.
3) 2는 소수이므로 그냥 남겨 두고, 2로 나누어떨어지는 숫자들을 모두 지운다.
4) 2보다 큰 수들 중 빗금이 그어지지 않은 다음 숫자는 소수이므로 지우지 않고 그대로 남겨둔다.
5) 4)번에서 그대로 남겨둔 숫자로 나누어떨어지는 숫자들을 모두 지운다.
6) 소수가 아닌 모든 숫자에 빗금을 그을 때까지 4)번과 5)번의 과정을 반복한다.

그 모든 과정을 마치고 나면 다음과 같은 결과가 나온다.

1	2	3	4	5	6	7	8	9	10
11	12	13	14	15	16	17	18	19	20
21	22	23	24	25	26	27	28	29	30
31	32	33	34	35	36	37	38	39	40
41	42	43	44	45	46	47	48	49	50

1-50 사이의 소수의 개수는 15개이다.

문제 18

백화점 매장의 판매 가격: 24유로

온라인쇼핑몰 판매 가격: 0.9 • 25유로+1.25유로=23.75유로

문제 19

총 지연 시간: 18분-3 • 3분=18분-9분=9분

최종 도착 시간: 16:07+9분=16:16

문제 20

사용할 수 있는 숫자의 총 개수: 0-9까지 총 10개

가능한 모든 조합의 수: $10 \cdot 10 \cdot 10 = 10^3$

⇒ 필요한 시간: $1000 \cdot 4 =$ 4000초

문제 21

이 문제는 다음과 같은 단계를 거쳐 풀어야 한다.

- 캠프 참가자 중 같은 점수를 받은 사람은 아무도 없다.
  ⇒ 이에 따라 참가자들의 등수가 확실하게 정해진다.
- 아만다의 점수가 리처드보다 높았다.
  ⇒ 리처드 < 아만다
- 하지만 아만다의 점수는 이네스보다는 낮았다.
  ⇒ 아만다 < 이네스
- 이네스의 점수는 막스보다 1점 낮았다.
  ⇒ 이네스 < 막스
- 톰의 점수는 리처드보다 낮았다.
  ⇒ 톰 < 리처드
- 케스틴보다 점수가 낮은 사람은 톰밖에 없었다.
  ⇒ 톰 < 케스틴 < 아만다, 리처드, 막스, 이네스

종합 결과: 톰 < 케스틴 < 리처드 < 아만다 < 이네스 < 막스
막스가 1등, 이네스가 2등, 아만다가 3등, 리처드가 4등,
케스틴이 5등, 톰이 6등

정답: (1+3) • 8=4 • 8=32

문제 22

다음 표에서처럼 소거법을 이용해서 풀면 된다.

첫 번째 집	두 번째 집	세 번째 집
~~붉은색~~	붉은색	~~붉은색~~
흰색	흰색	~~흰색~~
~~노란색~~	노란색	노란색
빈집	빈집	~~빈집~~
우체부 집	우체부 집	~~우체부 집~~
~~부하의 집~~	부하의 집	부하의 집

힌트 1: 흰색 집은 노란색 집의 왼쪽에 있다.
⇒ 노란색 집이 맨 왼쪽에 있을 수는 없다.
⇒ 흰색 집이 맨 오른쪽에 있을 수는 없다.

힌트 2: 우체부는 부하의 집의 왼쪽에 살고 있다.
⇒ 우체부가 맨 오른쪽 집에 살고 있을 수는 없다.
⇒ 부하가 맨 왼쪽 집에 살고 있을 수는 없다.

힌트 3: 붉은색 집은 빈집의 오른쪽에 있다.

⇒ 붉은색 집이 맨 왼쪽에 있을 수는 없다.

⇒ 빈집이 맨 오른쪽에 있을 수는 없다.

지금까지 정보들을 종합하면 첫 번째 집이 빈집이고 부하는 세 번째 집에 살고 있다는 사실을 추론할 수 있다.

힌트 4: 부하는 붉은색 집의 오른쪽 집에 살고 있다.

⇒ 붉은색 집이 맨 오른쪽에 있을 수는 없다.

결론: 세 번째 집이 노란색 집일 수밖에 없다!

이에 따라 정답은 67이 된다.

문제 23

5번 전개도는 아무리 접어도 주사위 모양이 나오지 않는다. 종이를 접는 과정을 마음속으로 떠올리기 힘들다면 빈 종이에 직접 전개도를 그려 접어 보기 바란다. 5번 전개도를 뺀 나머지 4개는 모두 다 주사위 모양으로 접힌다는 사실을 간단히 확인할 수 있을 것이다.

문제 24

1~143번지 사이의 가구 수: $\frac{144}{2}=72$(원래 방향대로 세었을 경우)

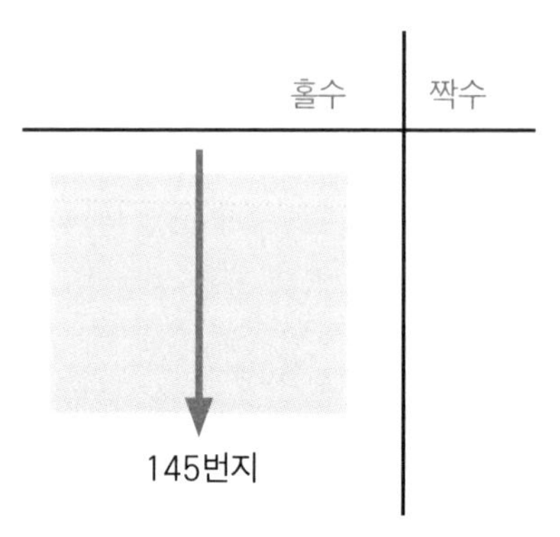

1~75번지 사이의 가구 수: $\frac{76}{2}=38$(거꾸로 세었을 경우)

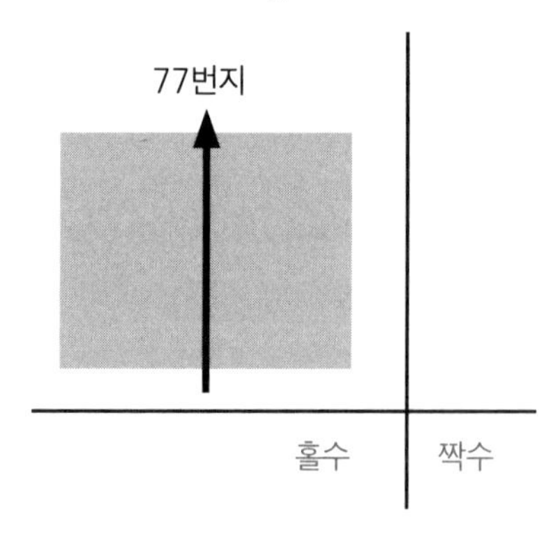

145번지(혹은 77번지)에 해당되는 가구 수: 1

⇒ 번지수가 홀수인 집의 총 개수: $72+1+38=111$

문제 25

x년 후에 세 사람의 나이의 합이 99일 때 세 사람의 나이는 각각 $11+x$, $10+x$, $9+x$이다.

따라서

$$(11+x)+(10+x)+(9+x)=99$$
$$11+10+9+3x=99$$
$$3x=99-30$$
$$3x=69$$
$$x=23$$

문제 26

사각형의 모양 및 개수는 다음과 같다.

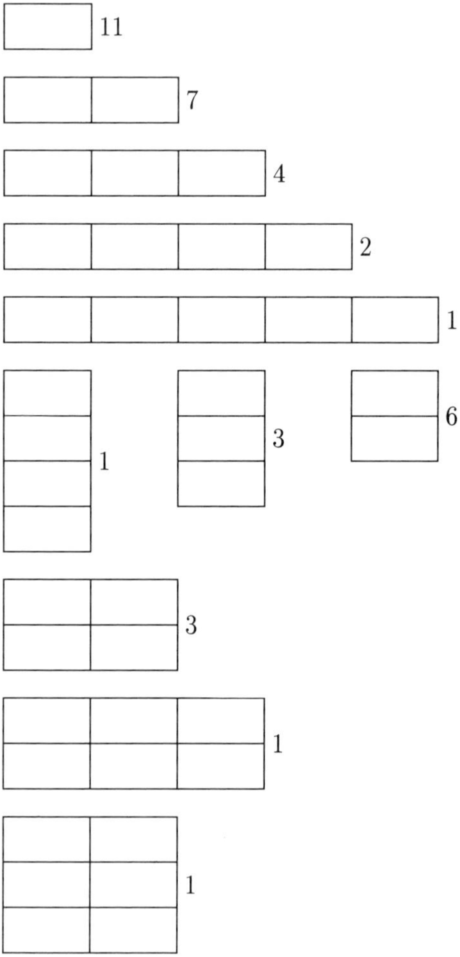

11

7

4

2

1

1 3 6

3

1

1

$\Rightarrow$ 40

문제 27

12월 6일	금요일	월요일
월요일	3, 10, 17, 24, 31일 ⇒ 5	6, 13, 20, 27일 ⇒ 4
화요일	2, 9, 16, 23, 30일 ⇒ 5	5, 12, 19, 26일 ⇒ 4
수요일	1, 8, 15, 22, 29일 ⇒ 5	4, 11, 18, 25일 ⇒ 4
목요일	7, 14, 21, 28일 ⇒ 4	3, 10, 17, 24, 31일 ⇒ 5
금요일	6, 13, 20, 27일 ⇒ 4	2, 9, 16, 23, 30일 ⇒ 5
토요일	5, 12, 19, 26일 ⇒ 4	1, 8, 15, 22, 29일 ⇒ 5
일요일	4, 11, 18, 25일 ⇒ 4	7, 14, 21, 28일 ⇒ 4

정답은 97

문제 28

처음에 있었던 돈의 액수를 x라 하면

$$\frac{1}{4}\left(\frac{1}{3}x+\frac{1}{5}x\right)+\frac{1}{2}\left(x-\frac{1}{3}x-\frac{1}{5}x\right)=231€$$

$$\frac{1}{12}x+\frac{1}{20}x+\frac{1}{2}-\frac{1}{6}x-\frac{1}{10}x=231€$$

$$\frac{5}{60}x+\frac{3}{60}x+\frac{30}{60}x-\frac{10}{60}x-\frac{6}{60}x=231€$$

$$\frac{5+3+30-10-6}{60}x=231€$$

$$\frac{22}{60}x=231€$$

$$x=\frac{60}{22}\cdot 231€$$

$$x=630€$$

문제 29

풀의 바닥 면적을 계산하기 위해 우선 풀을 아래 그림처럼 세 부분으로 나눈다.

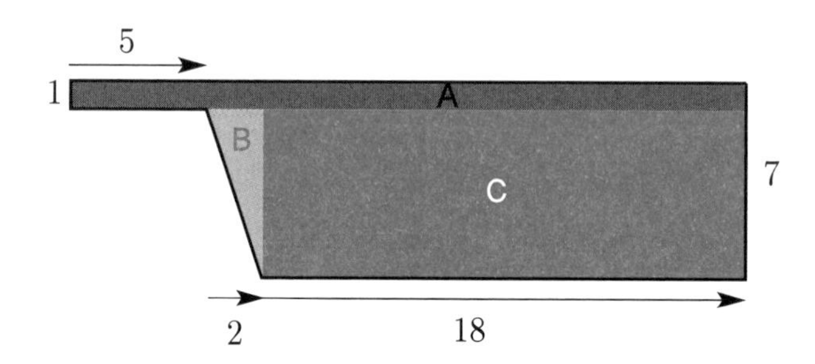

- A : $1\text{m} \cdot (18+2+5)\text{m} = 25\text{m}^2$
- B : $\frac{1}{2} \cdot 2\text{m} \cdot (7-1)\text{m} = 6\text{m}^2$
- C : $18\text{m} \cdot (7-1)\text{m} = 108\text{m}^2$

⇒ 풀의 바닥 면적 : $25\text{m}^2 + 6\text{m}^2 + 108\text{m}^2 = 139\text{m}^2$

⇒ 물의 양 : $139\text{m}^2 \cdot 5\text{m} = 695\text{m}^3$

문제 30

신문의 총 면수 : $47+17=64$(면)

⇒ $64 \times 2 = 128$

문제 31

커스티의 생각이 틀렸다.

원래 가격: 987파운드

할인 후 가격(−10%): 987파운드 • 0.9=888.3파운드

재인상 후 가격(+10%): 888.3파운드 • 1.1=977.13파운드

가격 차이: 987파운드−977.13파운드=9.87파운드

문제 32

창고 번호	최대 시행착오
1번 창고	≤ 9
2번 창고	≤ 8
3번 창고	≤ 7
4번 창고	≤ 6
5번 창고	≤ 5
6번 창고	≤ 4
7번 창고	≤ 3
8번 창고	≤ 2
9번 창고	≤ 1
10번 창고	$= 0$
	≤ 45

문제 33

이 문제는 소거법에 따라 다음과 같이 풀 수 있다.

피트	코끼리	말	황새	펭귄
팀	코끼리	말	황새	펭귄
루크	코끼리	말	황새	펭귄
웬디	코끼리	말	황새	펭귄

힌트 1 : 루크는 부리를 지닌 동물로 변장했다.

⇒ 루크 ≠ 코끼리, 루크 ≠ 말

힌트 2 : 피트는 네 발 달린 동물로 변장했다.

피트 ≠ 황새, 피트 ≠ 펭귄

힌트 3 : 팀이 변장한 동물은 피트가 선택한 동물보다 몸집이 크고, 역시나 네 발로 걸어다니는 동물이다.

⇒ 피트=말; 피트 ≠ 코끼리; 팀=코끼리;

팀 ≠ 말/펭귄/황새; 웬디 ≠ 코끼리; 웬디 ≠ 말

힌트 4 : 웬디가 선택한 동물의 다리는 붉은색이 아니다.

⇒ 웬디 ≠ 황새; 웬디=펭귄; 루크=황새

⇒ 정답은 13

문제 34

휴가 첫째 날	폭우	맑음	비
월요일	7	13	3
화요일	7	13	3
수요일	7	13	3
목요일	6	14	3
금요일	6	13	4
토요일	6	13	4
일요일	7	13	3

⇒ 정답은 94

문제 35

태어난 해: MDCCCLVIII＝1858

사망한 해: MCMXXXKK＝1932

나이: 1932－1858＝74

문제 36

커스티(KIRSTY) ⇒ 서로 다른 알파벳이 6개이므로

6 • 5 • 4 • 3 • 2 • 1

－1(KIRSTY는 비밀번호가 될 수 없기 때문에 1을 빼는 것임)

＝719

문제 37

$\overline{AE}=4m$

- $\overline{AB}=\overline{CE}=1.1m$
- $\overline{AC}=\overline{AE}-\overline{CE}=4m-1.1m=2.9m$
- $\overline{AD}=\frac{7}{10}\cdot 4m=2.8m$

$1.1m < 2.8m < 2.9m \Rightarrow BDC \Rightarrow 26$

$\overline{AB}\quad\overline{AD}\quad\overline{AC}$

문제 38

$50^2=2500$이므로 이 문제의 정답은 50보다 큰 수 중 몇 개의 수를 실제로 곱해보며 찾아낸다.

예를 들어 자연수가 56일 경우, $55\cdot 57=3135>2915$

따라서 56보다 더 작은 숫자를 선택해야 한다.

또 자연수가 53일 경우, $52\cdot 54=2808<2915$이므로

우리가 찾고 있는 자연수 x가 '$53<x<56$'이라는 사실을 알 수 있다.

이번에는 54의 경우를 확인해보자. 그러면 $53\cdot 55=2915$가 나온다.

따라서 이 문제의 정답은 54이다.

문제 39

$16\cdot 23$센트 $\cdot\ 365=134,320$센트

=1유로는 100센트이므로 1343.20유로

문제 40

우선 문제에 제시된 두 주사위의 각면이 같은 위치에 오도록 맞추어야 한다. 이때 전체가 분홍색으로 된 면을 기준으로 맞추어 보자. 그러자면 왼쪽 주사위를 한 번 꺾어서 분홍색 면이 위로 가도록 하고, 다음으로 별과 고리를 정면에서는 볼 수 없게 조정하면 된다. 그러면 십자가 반대편에 별이 온다는 사실을 쉽게 알 수 있다. 따라서 이 문제의 정답은 42가 된다!

문제 41

이미 만들어 놓은 두 개의 모빌을 통해 다음과 같이 추측할 수 있다.

✡ = ☾ + ★, ☾ + ☾ = ✡ + ★

→ ✡ = ☾ + ☾ − ★

☾ + ☾ − ★ = ☾ + ★ → ☾ = ★ + ★ → ✡ = ☾ + ★

= ★ + ★ + ★

따라서 ✡ + ☾ + ★ = ★★★ + ★★ + ★

= ★★★ + ☾ + ★

⇒ 달 모양을 쓰지 않을 경우 6개의 별이 필요하고, 달 모양을 쓸 경우 4개의 별이 필요하다.

이에 따라 이 문제의 정답은 6+4=10이 된다.

문제 42

x를 방문횟수라 할 때

$1.80 \times x > 14$

따라서 x는 8, 9, 10, 11…

$\Rightarrow$ 8+11=19(파운드)

문제 43

각 방향에서 관찰할 수 있는 사각형의 개수는 다음과 같다.

시선 방향	사각형의 개수
앞에서 볼 때	6
뒤에서 볼 때	6
오른쪽에서 볼 때	6
왼쪽에서 볼 때	6
위에서 볼 때	6
아래에서 볼 때	6
	36

문제 44

유리상자가 수용할 수 있는 부피: 8cm • 8cm • 8cm = 512㎤

주사위 1개의 부피: 2cm • 2cm • 2cm = 8㎤

유리 상자에 들어갈 작은 주사위의 개수: $\frac{512㎤}{8㎤}$ = 64개

문제 45

1가지 색깔로 된 조각의 개수: 7개

2가지 색깔로 된 조각의 개수: $\binom{7}{2}=\frac{7!}{5!\cdot 2!}=21$개

(이때 순서는 중요치 않다. 어차피 도미노 조각의 방향은 언제 어디로든 틀 수 있기 때문이다.)

$\Rightarrow 21+7=28$

문제 46

정원의 총 면적: $\frac{1}{2}(20+30)\text{m}\cdot 10\text{m}=250\text{m}^2$(사다리꼴의 높이는 10m)

샛길의 면적: $3\text{m}\cdot 10\text{m}=30\text{m}^2$(평행사변형의 높이는 10m)

잔디를 깎아야 할 면적: $250\text{m}^2-30\text{m}^2=220\text{m}^2$

문제 47

x를 날수라 하면

$4+x=1.5x$

$4=0.5x$

$x=8$(일)

문제 48

- 아르노의 예측이 옳았다면 아르노는 승자가 될 수 없다. 이에 따라 아르노의 예측은 빗나간 것이 된다.
- 크리스티안의 예측이 옳았다면 크리스티안이 아니라 아르노가 승자가 된다. 이에 따라 크리스티안의 예측 역시 빗나갔다.
- 다니엘라의 예측이 옳았다면 크리스티안이 승자가 되어야 한다. 이에 따라 다니엘라의 예측도 빗나간 것이 된다.

⇒ 비앙카의 예측이 옳았다. 이에 따라 비앙카가 승자, 아르노는 2등, 크리스티안이 3등, 다니엘라가 꼴찌가 된다.

즉 이 문제의 정답은 4인 것이다.

문제 49

소요 비용:

• 숙박료: 28 • 5 • 20유로	=2800유로
• 버스대여료:	576유로
• 동물원 입장료:	54유로
• 박물관 입장료: 28 • 1.50유로	=42유로
	3472유로

문제 50

5kg−2 • 1kg−233.3g−2376mg−999g−1276g=

5000g−2000g−233.3g−2.376g−999g−1276g=489.324g

문제 51

주차되어 있는 자동차의 대수를 x라 하면

$4 \times x + 2 \times 18 = 224$

$4x = 224 - 36$

$4x = 188$

$x = 47$

문제 52

바구니의 길이는 30㎝, 너비는 16㎝이다. 담에 난 구멍의 길이는 20㎝, 너비는 9㎝이다. 이 문제는 사실 계산할 필요조차 없다. 바구니의 높이만 알면 그것으로 끝이다. 즉, 바구니의 최대 허용 높이는 담에 난 구멍의 높이, 다시 말해 9㎝가 되는 것이다.

문제 53

막스가 조사할 상자에 들어 있는 시험관의 개수를 x라 하면,

$(x + 5) + x = 29$

$2x + 5 = 29$

$2x = 24$

$x = 12$

⇒ 아만다가 조사할 상자에 들어 있는 시험관의 개수:

$x - 5 = 12 - 5 = 7$

문제 54

'녹음' 버튼의 개수: 1

전체 버튼의 개수: 6

'녹음' 버튼을 누를 확률 $=\frac{1}{6}$

문제 55

각 자리에 올 수 있는 숫자는 1, 4, 6, 7의 4가지이므로 만들수 있는 네 자리의 자연수는 모두 $4\times4\times4\times4=256$(개)이다.

문제 56

첫날을 제외한 나머지 6일 동안 바로 전날 읽었던 부분의 마지막 다섯쪽을 읽었으므로 $151+5\cdot6=181$

문제 57

날짜	계좌 잔액
6월 30일	310유로
7월 1일	340유로
7월 15일	140유로
8월 1일	170유로
8월 15일	−30유로
9월 1일	0유로
9월 15일	−200유로
10월 1일	−170유로
10월 15일	−370유로
11월 1일	−340유로
11월 15일	−540유로 > 400유로

문제 58

공사장 총 면적: 45.5m • 22.2m=1010.1㎡

총 매입 가격: 1010.1 • 314.40유로=317,575.44유로

문제 59

바나나의 개수를 x라 하면

$x \cdot 0.012/100=100$mg

$x \cdot 0.00012=0.1$g

$833.333\cdots=833+\frac{1}{3}$

$x=0.1/0.00012$g$=833.333\cdots\cdots$g$=833\frac{1}{3}$g

문제 60

대장이 처음에 자루에 담았던 금화의 개수를 x라 하면

$$\frac{1}{2}x+\frac{1}{4}x+\frac{1}{8}x+\frac{1}{16}x+1000=x$$

$$x-\frac{1}{2}x-\frac{1}{4}x-\frac{1}{8}x-\frac{1}{16}x=1000$$

$$\frac{16-8-4-2-1}{16}x=1000$$

$$\frac{1}{16}x=1000$$

$x=16,000$(개)

문제를 푸는 또 다른 방법:

네 번째 도둑에게 준 금화와 남은 금화의 개수가 같으므로

$$\left(\frac{1}{2}\cdot\left(\frac{1}{2}\cdot\left(\frac{1}{2}\cdot\left(\frac{1}{2}x\right)\right)\right)\right)=1000$$

$$\frac{1}{16}x=1000$$

$$x=16{,}000(\text{개})$$

문제 61

케이크의 가격을 x, 패스트리의 가격을 y라 하면, 구입한 빵의 가격 $z=2x+3y=15$유로(이때 $x>y$)

x	2	3	3	4	4	4	5	5	5	5	6	6	6	6	6	7
y	1	1	2	1	2	3	1	2	3	4	1	2	3	4	5	1
z	7	9	12	11	14	17	13	16	19	22	15	18	21	24	27	17

문제 62

이 문제를 풀려면 다음 세 가지 조건을 만족시키는 동시에 각 자릿수에 대해 가장 작은 숫자를 골라야 한다.

- 각 숫자는 한 번만 활용할 수 있다.
- 첫 자리에 0이 올 수는 없다.
- 이웃한 숫자들이 서로 붙어 있을 수는 없다.

⇒ 1 3 0 2 4

최종 테스트 정답

해답 1

a) $2 \cdot 3 \cdot 5 = 30$ b) $4 \cdot 3 \cdot 2 \cdot 1 = 24$

해답 2

$55.5\text{g} + 0.02\text{kg} + 222\text{g} + 5 \cdot 2355\text{mg}$

$= 55.5\text{g} + 0.02\text{kg} + 222\text{g} + 11{,}775\text{mg}$

$= 55.5\text{g} + 20\text{g} + 222\text{g} + 11.775\text{g} = 309.25\text{g}$

해답 3

□의 면적+▷의 면적 $= 10\text{cm} \cdot 30\text{cm} + 1/2 \cdot 20\text{cm} \cdot 10\text{cm}$

$= 300\text{cm}^2 + 100\text{cm}^2 = 400\text{cm}^2$

해답 4

a) 131=소수 b) $56 = 2^3 \cdot 7$

c) $175 = 5^2 \cdot 7$ d) 67=소수

해답 5

피라미드 모양

해답 6

$4 \cdot 10.25 + 35.17 - 25.53 + 20$

$=(4\times10.25)-35.17-25.53+20$

$=41-35.17-25.53+20$

$=0.3$(유로)

해답 7

16, 32, 64, 128

해답 8

$$\frac{2}{5}+\frac{1}{4}+\frac{1}{3}+\frac{2}{9}=\frac{8}{20}+\frac{5}{20}+\frac{3}{9}+\frac{2}{9}=\frac{13}{20}+\frac{5}{9}$$

$$=\frac{117}{180}+\frac{100}{180}=\frac{217}{180}>1$$

이 방식대로는 잔액을 깔끔하게 분배할 수 없다.

해답 9

할인금액: 41유로 $\cdot\frac{22}{100}=\frac{902}{100}$ 유로=9.02유로

조의 할머니가 지불할 금액: 41유로−9.02유로=31.98유로

해답 10

$57\div3+21=40$

정답에 따른 이동 대상 페이지

정답	이동 대상 페이지
$\frac{4}{9}$	123
$\frac{1}{6}$	50
3	164
4	43
5	113
6	110
7	11
8	175
9	27
9.87	58
10	45
11 : 33	79
11월 15일	160
13	144
15	20
16 : 16	96

정답	이동 대상 페이지
17	81
19	41
23	101
23.75	167
24	25
26	23
28	172
32	34
36	170
40	151
42	132
45	108
47	105
54	47
60	138

정답	이동 대상 페이지
64	17
67	71
74	88
75	37
80	56
84	90
94	39
97	129
111	15
128	64
180	31
181	178
220	93
256	67
346	61

정답	이동 대상 페이지
489.324	86
630	76
695	29
719	140
$833\frac{1}{3}$	115
1343.20	52
1600	135
1689	157
1762.5	126
3472	162
3720	74
4000	83
13024	142
16,000	146
317,575.44	154

문제 해결보다 소설 내용이 더 궁금하신 분들은 여기에 소개하는 페이지 순서대로 읽으면 됩니다. 하지만 문제를 푸는 재미도 놓치지는 마세요.

정답에 따른 이동 대상 페이지

정답	이동 대상 페이지
$\frac{4}{9}$	123
$\frac{1}{6}$	50
3	164
4	43
5	113
6	110
7	11
8	175
9	27
9.87	58
10	45
11:33	79
11월 15일	160
13	144
15	20
16:16	96
17	81
19	41
23	101
23.75	167
24	25
26	23
28	172
32	34
36	170
40	151
42	132
45	108
47	105
54	47
60	138

정답	이동 대상 페이지
64	17
67	71
74	88
75	37
80	56
84	90
94	39
97	129
111	15
128	64
180	31
181	178
220	93
256	67
346	61
489.324	86
630	76
695	29
719	140
$833\frac{1}{3}$	115
1343.20	52
1600	135
1689	157
1762.5	126
3472	162
3720	74
4000	83
13024	142
16,000	146
317,575.44	154